著・中本達也 [TATSUYA NAKAMOTO]

数字が苦手でも使いこなせる！

お仕事上手の一生使えるExcel入門

インプレス

はじめに

Excelは一度学べば「一生の自信」になる

　本書では、Excelでどんなときにどんなことができるのかを初心者にもわかりやすく丁寧に、そして網羅的に説明していきます。これまでパソコン仕事にあまり携わることがなく、とりわけExcelを使う機会がなかった人、そしてこれからExcelを学んでいきたい人へ向けて制作しました。まさに一生使える入門書です。

　Excelを使った仕事の多くは、データの入力作業やデータの確認作業です。そのため、誰かに教えてもらわなくとも、表示されているものをなんとなく操作すればExcelの簡単なお仕事はそれなりにできてしまうことがよくあります。

　しかし、いざ自分の手でもう少し使いやすいようにデータを加工しようと思ったり、Excelを活用してもっと効率的にお仕事をしようとするといろいろな障害が立ちはだかります。そうすると、「Excelは難しい」と感じてしまうかもしれません。「そもそもExcelでどんなことができるのか知らない」という、未知の物に対する不安もあるでしょう。

　その解決策は、「一冊の参考書をはじめから最後まで一通り読み進めてみる」こと。きっと今後のExcel仕事に対する向き合い方を明るいものにしてくれるはずです。

本書の前半では、基本的な操作にくわえ「これだけは覚えておきたい」という関数など、Excel初心者へ向けて基礎的なことを解説します。後半ではグラフ作りのコツやExcelの便利技など、Excelのスキルに自信を持てるようなテクニックを丁寧に紹介していきます。なかには、同僚が知らないような時短テクニックもあるはず。読了後には「Excelできます!」と自信をもって言えるようになるでしょう。

　Excelで学ぶべきことは、他の資格試験のように難しいものではありません。実務で使うものは、本書で学ぶ基礎知識を組み合わせるだけで十分。Excelの基本がわかっていれば、お仕事を問題なく遂行できるようになります。近い将来、「あ、これは本で学んだテクニックが使える!」という状況に出会うことでしょう。

　つまり、「知っているか・いないか」がお仕事のパフォーマンスに大きく影響するということです。もし「AIがあるからExcelなんて使えなくてもいいのでは?」と思っていても、AIを使いこなすには、自分がExcelの基本を理解している必要があります。

　Excelへの漠然とした不安を解消し、お仕事でExcelを使うときに出てくるお悩みや課題に本書が応えられることを願っています。

初心者でもお仕事上手に！
Excel入門 10箇条

❶ ブックはこまめに保存しておこう

コツコツ作業を進めてデータを作成するExcelでは保存が「命綱」。突然のクラッシュで時間と労力を無駄にしないためにも、「Ctrl + S」を使って定期的に保存を。

❷ 資料作成は書式を統一すべし！

フォントや色、レイアウトなど書式は統一しましょう。表やグラフも一貫したデザインにすることで、専門的な内容でもひと目でわかりやすい資料になります。統一した書式は信頼性を高め、プロフェッショナルな印象を与えます。

❸ 誰が見てもわかる表・グラフ作り

表やグラフはデータを視覚的に伝える有効な手段です。目的に合わせて適切な種類を使いましょう。データは極力シンプルにまとめ、不要な情報は排除。見出しや数値ラベル、色使い、視覚的な強弱も大切です。

❹ データは、ミスなく・もれなく・ダブりなく

データ入力作業では、「ミスなく・もれなく・ダブりなく」。正確に行うことが何より重要です。入力後は必ず目視で確認を行い、抜けがないかもチェックしましょう。

⑤ 実務で出会った関数はすぐにマスターせよ！

まずは関数の基本的な役割を理解することが大切です。一度マスターした関数は、幅広い用途で活用できるので、恐れることなく新しい関数にトライしていきましょう。

⑥ 数式は参照セルと参照方式を意識する

Excelで数式を作成する際は参照セルを適切に設定しましょう。また絶対参照と相対参照の違いを理解し、参照方式を使い分けることで、計算ミスを防ぐことができます。

⑦ 印刷する前にプレビューで確認

印刷前にプレビューで必ず確認しましょう。プレビューを使うと、ページレイアウトやセル位置、図表の配置が思った通りになっているかをチェックすることができます。

⑧ データは重要な経営判断の材料

意思決定者が判断を下す際、根拠となるのは売上推移などの客観的な数値データが示す「事実」です。データの信頼性が高いほど、正しい情報に基づいた適切な判断を行うことができます。データの役割を常に意識しましょう。

⑨ 脱マウス操作！ショートカットキーを活用

ショートカットキーは、作業効率向上の鍵を握っています。マウス操作と比べると瞬時に目的の動作ができるので積極的に活用しましょう。

⑩ Excelの真の便利さを知ろう

Excelは電卓や手書きのノートでは到底扱えない量の計算を簡単に扱うことができ、それに付随する便利な機能も備わっています。その使い所を知ることで、Excelはあなたにとって最強の武器となるでしょう。

CONTENTS

はじめに ……………………………………………………………… 002
Excel入門10箇条 …………………………………………………… 004
サンプルファイルのダウンロード ………………………………… 012

LESSON 1

最初に覚えておくべき
基本知識 & 基本操作 …………………………………………… 013

▶ 基本知識
| 001 | Excelができるようになるまでの道のり ……………………… 014
| 002 | ほめられる見やすい資料が作れる ……………………………… 016
| 003 | 早速、Excelの画面を見てみよう ……………………………… 018
| 004 | Excelを使ううえで大切な3原則 ……………………………… 020

▶ 基本操作
| 005 | データを入力する基本とコツ …………………………………… 022
| 006 | 手入力よりコピペしよう ………………………………………… 024
| 007 | 貼り付けオプションを使いこなそう …………………………… 026
| 008 | 連続データの入力は3秒で終わらす …………………………… 030
| 009 | セルを増やしたいときは、行／列ごと挿入する ……………… 032
| 010 | 行の高さ、列の幅の調整は大切! ……………………………… 034
| 011 | 右クリックするクセを身につけよう …………………………… 036

▶ ブック・シート
| 012 | 仕事上手はブックやシートの管理も上手 ……………………… 038
| 013 | 「保存し忘れた!」失われたデータを取り戻す ………………… 040

▶ 検索・置換
| 014 | 検索を使って、データを瞬時に発見 …………………………… 042
| 015 | 手作業禁止! 面倒な修正も一括置換 …………………………… 044

COLUMN
操作を間違えたら Ctrl + Z キーでリカバリー ……………………… 046

✓ LESSON 2

見やすいシートや表をつくる
見せ方のテクニック …………………… 047

▶ 書式設定

016	セルの書式設定でセルやデータを見やすく！ ……………………	048
017	セルの書式設定を変更してみよう ………………………………	050
018	資料をぐっと見やすくするフォント選び ………………………	052
019	データを際立たせる配置ルール …………………………………	054
020	セル内に文章を書くときのコツ …………………………………	056
021	セルを結合せずに複数セルの中央に表示する …………………	058
022	データの"見た目"を変えて見栄えをよくする …………………	060
023	「ユーザー定義」を使って思い通りに表示する ………………	062
024	罫線の引き方をマスターして見やすい表にする ………………	066

▶ 条件付き書式

025	条件に当てはまるセルだけに書式を設定する …………………	070
026	データのボリューム感がひと目でわかる ………………………	072
027	新しいルールを設定して特定のセルや行を強調する …………	074

▶ データ整理

028	データを思い通りに扱うための3つのルール …………………	076
029	フィルター機能を使ってデータを抽出してみよう ……………	078
030	データを並べ替えて情報整理 ……………………………………	080
031	独自の順序で並べ替えよう ………………………………………	082
032	表をテーブルに変換してみよう …………………………………	084

> COLUMN
いちから作らずテンプレートを使ってもOK！ ……………………………… 086

LESSON 3

初心者がまず覚えるべき 関数と参照方式 ……………………………… 087

▶ 数式
033　Excelを使って計算できること ………………………………… 088
034　四則演算で計算してみよう …………………………………… 090

▶ セル参照
035　四則演算を使って構成比を計算してみよう ………………… 092
036　イメージを掴んで絶対参照を自分のものにする …………… 096

> COLUMN
[F4] キーを使って絶対参照に切り替える …………………………… 099

▶ 入門関数
037　計算する前に関数の構造を見てみよう …………………… 100
038　SUM関数で合計を求める ………………………………… 102
039　AVERAGE関数で平均値を求める ………………………… 104
040　MAX関数とMIN関数で最大値・最小値を求める ………… 106
041　COUNT関数でセルの数を数える …………………………… 108
042　四捨五入ができるROUND関数 ……………………………… 112

> COLUMN
ステータスバーから計算結果を確認できる！ ……………………… 116

LESSON 4

実務でよく使う関数「だけ」 マスターしよう ……………………………… 117

▶便利関数

- 043　関数は全部覚える必要はない ……………………………… 118
- 044　条件に応じて異なる結果を返すIF関数 …………………… 120

COLUMN
論理式を組み立てるカギは比較演算子 ………………………………… 123

- 045　AND・OR関数を使って複数の条件を同時判定 …………… 124
- 046　IFS関数を使えば複数の判定結果を返せる ………………… 128

COLUMN
IF関数を使って複数の判定を出す場合はどうする？ ………………… 131

- 047　条件に一致した値の合計を求めるSUMIFS関数 ………… 132

COLUMN
複数の条件に一致したセルの数を数えるCOUNTIFS関数 ………… 135

- 048　特定のデータに対応する値を返すVLOOKUP関数 ……… 136
- 049　該当データを一気に取り出すXLOOKUP関数 …………… 140

COLUMN
スピル機能とXLOOKUP関数を活用して効率アップ！ ……………… 143

▶日付の計算

- 050　日付や時刻を正しく計算しよう ……………………………… 144
- 051　日付や時刻に変換するDATE・TIME関数 ………………… 146
- 052　今日の日付や時刻を簡単に入力するTODAY・NOW関数 … 148

▶エラー解決

- 053　数式がエラーになったときの対処法 ………………………… 150
- 054　IFERROR関数でエラーを任意のデータに変更 …………… 152

COLUMN
数式の見方がわかればどんな関数も使える ………………………… 154

⊘ LESSON 5

データを見える化！グラフ作りとデータ分析 …… 155

▶ グラフ

- 055　グラフを使うことで、説得力が向上する ……… 156
- 056　はじめに覚えておこう！ グラフ要素 ……… 158
- 057　データの大小比較に便利な「棒グラフ」 ……… 160
- 058　時系列を視覚化する「折れ線グラフ」 ……… 164
- 059　割合を視覚化する「円グラフ」 ……… 166
- 060　2種類のデータを1つにまとめる「複合グラフ」 ……… 168

COLUMN
色や吹き出しで伝えたいことを強調！ ……… 171

- 061　表の数値を視覚化するミニグラフ「スパークライン」 ……… 172

▶ ピボットテーブル

- 062　集計・分析はピボットテーブルにお任せあれ！ ……… 174
- 063　ピボットテーブルの作成画面を確認しよう ……… 176
- 064　ピボットテーブルで集計してみよう ……… 178

COLUMN
AIアシスタント「Copilot」をExcelで使うには ……… 182

LESSON 6

Excelの便利技＆あるある「困った」を解決 ……… 183

▶ 便利技

- 065　ウィンドウ枠を固定して見出しを常に表示 ……… 184
- 066　一時的に不要なデータはグループ化する ……… 186
- 067　重複したデータをリストから確実に削除する方法 ……… 188
- 068　フィードバックはコメント機能で書き込む ……… 190
- 069　入力の効率が上がるデータの入力規則 ……… 194
- 070　エラーメッセージを設定する ……… 196
- 071　ドロップダウンリストからデータを選択する ……… 198
- 072　シートの保護で編集を制限する ……… 200

| 073 | ブックを保護して全体の閲覧・編集を制限 | 202 |
| 074 | 頻繁に使うブックはピン留めしてすぐ起動 | 206 |

▶ 印刷・PDF

| 075 | プレビューを確認してシートを印刷する | 208 |
| 076 | 細部にこだわる見やすい印刷設定 | 212 |

COLUMN
必要な部分のみを抜き出して印刷したい ……………………………………… 215

| 077 | Excelの資料をPDFで共有しよう | 216 |

COLUMN
「OneDrive」を使ってデータを共有するには ……………………………… 218

INDEX ……………………………… 219
付録　厳選ショートカットキー20選 ……………………………… 222

本書の使い方

本書では解説内容に応じて、通し番号の下に「基礎」「必修」「選択」を表示しています。「基礎」はそのLESSONの基礎的な考え方や知識の解説、「必修」は必ず押さえておきたい必修科目、「選択」は必要に応じて取り入れるとよい選択科目となっています。学ぶ際の参考にしてください。

※本書の記載内容はWindows版Microsoft 365のExcelを前提に解説しています。一部の記載内容は、他のバージョンのExcelでは対応していないことがあります。また、お使いのPCのOSやExcelのバージョンによっては、一部機能名や操作方法が異なることがあります。

ダウンロード特典

手を動かしてスイスイわかる！
サンプルファイル

本書の解説に登場するサンプルファイルをダウンロード可能です。本書の紙面を見ながら実践することで理解が深まります。サンプルファイルのある解説にはページタイトルの下に「File:Lesson●_●●●.xlsx」とファイル名が掲載されています。

▶以下のページにアクセス！

https://book.impress.co.jp/books/1123101122

- ●パソコンからのダウンロードを推奨します。
- ●サンプルファイルは、Windows版Microsoft 365のExcelで動作を確認しております。お使いのPCのOSや環境によっては表示が異なる場合があります。
- ●ダウンロードできるサンプルファイルは、個人でのご利用に限ります。有償、無償にかかわらず、データを配布する行為やインターネット上にアップロードする行為、販売行為は禁止いたします。また本ファイルのご利用によって、あるいは利用できなかったことによって発生したお客様のいかなる不利益も一切の責任を負いかねますので、あらかじめご了承ください。

LESSON 1

最初に覚えておくべき基本知識&基本操作

001 基礎

本書の流れ
Excelができるようになるまでの道のり

知る、わかる、できる、教える

　Excelは、多くの会社で使われている表計算ツールです。数えきれないほど多くの機能が備わっていますが、実際の業務で使う機能は限られてくるでしょう。将来ずっと使い続けるツールだからこそ、使いこなせると仕事の強力な味方となります。

　Excelを自分のモノにする道のりには**「知る、わかる、できる、教える」**というステップが大事です。

- **知る**　　Excelでできることや機能を知る。
- **わかる**　Excelの機能と実務の利用シーンが紐づけられる。関数の仕組みやデータベースの概念がわかるようになる。
- **できる**　実際に手を動かして表作成やデータ分析ができる。実務で使えるようになる。
- **教える**　Excelのスキルを他人に教えることができる。

　本書は、手を動かして学べるようにサンプルファイルを用意しました（詳しくは12ページ）。**実際に操作することは「できる」への近道**です。また、必要なときに必要な機能を実行できればよいので、お仕事のどんなシーンで使用できるか、イメージしながら読んでみましょう。

　そのためにも、まずはExcelでどんなことができるかを知っておくことが大切です。

STEP_1

まずはExcelを開いてみよう！

まずはExcelを開いて、画面に表示されているアイコンや画面の構成など、どこにどんな機能やアイコンなどが配置されているかを眺めてみましょう。
「タブメニュー」は、各機能の見出しメニュー。各タブを選択すると、そこに含まれる機能が「リボン」に表示されます。

STEP_2

基本機能を使ってみよう！

まずはExcelの基本操作に慣れることが重要です。セルの選択、データの入力方法、コピー・貼り付け、セルの書式設定といった、基本的な操作から慣れていきましょう。

STEP_3

数式や関数を理解して計算してみよう！

Excelの強力な機能に、数式や関数があります。合計するSUM関数、平均するAVERAGE関数、条件によって結果を変えるIF関数、XLOOKUP関数など、基本的な数式を理解しながら使えるようにしていきましょう。

STEP_4

グラフやピボットテーブルに挑戦しよう！

データ入力や数式に慣れてきたら、グラフを作成して視覚的にデータを理解したり、データの集計や分析に挑戦したりしてみましょう。

Excelでできること

ほめられる見やすい資料が作れる

基礎

SUMMARY

Excelの多彩な活用方法

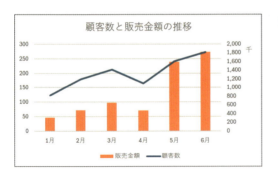

表

情報を管理するためのシートです。Excelのセルをうまく活用すると、情報をまとめることが簡単になります。

グラフ

これは月別の業績推移を表したグラフです。複数の要素が含まれるグラフも、きれいにまとめることができれば、わかりやすいグラフになります。

Excelでどんなことができるの？

　Excelは、その高い自由度から、さまざまな業務に活用されています。主に、**表を作成して計算や集計を行う**ことが一般的ですが、データベース機能を使って**データを管理**したり、**グラフでデータを視覚化**したり、**レポートや文書を作成**することも可能です。これらの機能を組み合わせることで、Excelは幅広い用途に対応できる強力なツールとなります。本書では、まず押さえておきたい基本原則を中心に解説しています。ぜひ、Excelをあなたの味方にしましょう。

POINT

▶ **表計算からグラフ作成、文書作成など、多くの業務に活用できる**

▶ **データベースとして利用することも多い**

▶ **多機能性により、幅広い用途に対応できる強力なツール**

LESSON 1 | 基本知識

文書（フォーマット）

左図はExcelを用いて作成された文書（請求書）です。一部、表が用いられてます。仕事の現場では、Excelで文書作成する習慣がよくあります。

データベース

Excelは、多くのデータを一覧で見るためのデータベースを扱うことに適しています。データベースについては、76ページで詳しく解説します。

データ分析

特定の条件を目立たせたり、関数を使って計算したりと、データ分析が可能です。また、ピボットテーブルを使ってクロス集計表を作成することも簡単です。

画面構成と名称

早速、Excelの画面を見てみよう

基礎

SUMMARY

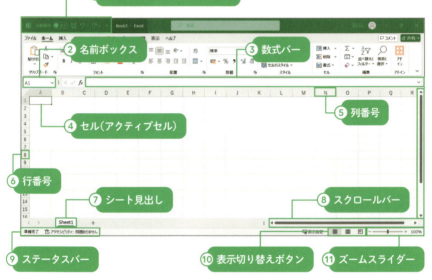

① クイックアクセスツールバー
② 名前ボックス
③ 数式バー
④ セル（アクティブセル）
⑤ 列番号
⑥ 行番号
⑦ シート見出し
⑧ スクロールバー
⑨ ステータスバー
⑩ 表示切り替えボタン
⑪ ズームスライダー

どこに何があるか覚えておこう！

　Excelの画面構成や各部分の名称を理解しておくことで、どこにどの機能があるか覚えやすくなります。この全体像を把握することで、学習効率も向上します。

　また、各タブのリボンには多くのボタンが配置されていますが、すべてを覚える必要はありません。実務で**頻繁に使用する機能だけを重点的に覚える**のがよいでしょう。

Excelの画面構成

項目名	説明
①クイックアクセスツールバー	よく使うコマンドのボタンを並べられるバー。
②名前ボックス	選択しているセルの番地を行と列で表している。
③数式バー	入力データを確認したり、計算式を利用するときに使用する。
④セル（アクティブセル）	データを入力する一つひとつのマス目のこと。クリックして選択しているセルをアクティブセルという。
⑤列番号	縦方向のことを「列」といい、A,B,Cのように列位置を示す番号のことを列番号という。
⑥行番号	横方向のことを「行」といい、1,2,3のように横位置を示す番号のことを行番号という。
⑦シート見出し	ブック内にあるワークシートを選択して、表示するシートを切り替える。
⑧スクロールバー	画面に表示するエリアを上下・左右に移動することができるバー。
⑨ステータスバー	現在の状況や実行中の操作に関する情報が表示される。
⑩表示切り替えボタン	ワークシートの表示タイプを切り替えることができる。
⑪ズームスライダー	ワークシートを拡大・縮小することができる。

⊘ 知っておくと便利！

行と列の覚え方

たとえば、セルC5は、「C列の5行目」と言えますが、「C行」「5列」と間違って覚えてしまう人がいます。漢字の形と一緒に覚えると「横方向が行」「縦方向が列」ということが一目瞭然です。

004 基礎

見やすさと機能性を両立させるために

Excelを使ううえで大切な3原則

NG ✕ 見にくいシートには理由があった！

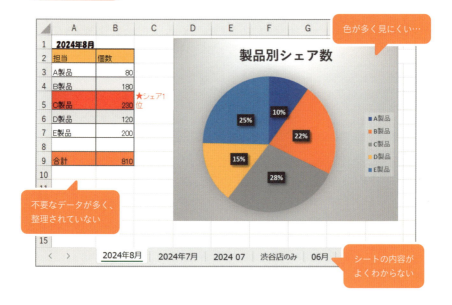

- 色が多く見にくい…
- 不要なデータが多く、整理されていない
- シートの内容がよくわからない

まずはこの3原則を意識してみよう！

　Excelを使う際は、各シートの内容をできるだけシンプルに保つことが大切です。シートを開いたとき、乱雑にデータが配置されているよりも、整然と整理されているほうが見栄えも良く、瞬時に情報を理解できます。そのため、不要なデータは削除し、原色を避けた適度な色使いや配置に気を配りましょう。表の見栄えはLESSON2、グラフの見栄えはLESSON5で詳しく紹介しています。

　資料作成時に表データを用いる場合は、データベース形式を意識して作成するとよ

POINT

- ▶ できるだけ内容はシンプルにすること
- ▶ 表データは、データベース形式で作成するべし
- ▶ 他者が見ても、すぐに理解できる構造を心がける

○ **シンプルかつわかりやすい！** GOOD

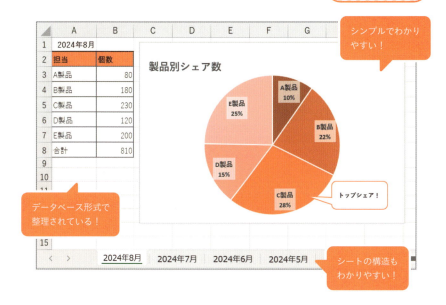

いです。データの加工が容易になり、追加や削除が発生しても柔軟に対応できます。データベース形式については、76ページでも詳しく紹介します。

また、業務で使用するExcelファイルは、自分だけでなく、同僚や取引先など他の人が見ることを想定し、**シートの構造や内容が理解しやすいように目的別に分けることが重要**です。シート名の付け方は38ページを参考にしましょう。

シンプルかつ管理しやすく他者が見やすい、これらのポイントを押さえたうえで、次のページから実践編に進んでいきましょう。

005 必修

編集モードとは？
データを入力する基本とコツ

File：Lesson1_005.xlsx

BEFORE 文字を修正したい

編集したいセルをダブルクリック！

AFTER セル内が編集できるように

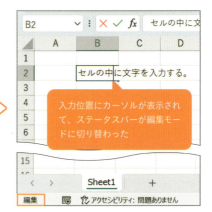

入力位置にカーソルが表示されて、ステータスバーが編集モードに切り替わった

ダブルクリックもしくは F2 キー

　Excelの「**編集モード**」とは、**セルの内容を直接編集できる状態**を指します。セルをダブルクリックすると、カーソルが点滅して編集モードに入ります。この状態では、画面左下のステータスバーに「編集」と表示され、セル内のテキストや数式を修正できます。また、セルを選択した状態で数式バーに表示されている文字を直接修正することも可能です。

　ダブルクリックの代わりに、**セルを選択して F2 キーを押す**と、同様に編集モードに切り替わります。次のページでは、 F2 キーを使ってセル内の文字を削除し修正する方法を紹介します。慣れると F2 キーのほうが便利です。

POINT

▶ 編集モードへのショートカットキーは F2 キー

▶ Back space キーで、カーソルの左文字を削除

▶ Delete キーで、カーソルの右文字を削除

LESSON 1 　基本操作

入力に慣れてきたら F2 キーで編集モードに！

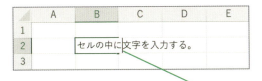

① セルを選択している状態で F2 キーを押す

編集モードに切り替わる。

② 修正したい文字の右側をクリック

③ Back space キーを1回押す

④ 文字を入力

セル内の文字を修正できた。F2 キーが反応しない場合は、Fn + Esc キーを押して、ファンクションキーのロックを解除してみよう。

✓ 知っておくと便利！

Back space キーと Delete キーの違い

Back space キーは、カーソルより前の文字を削除、Delete キーは、カーソル後ろの文字を削除します。効率もアップするので、2つのキーを使い分けられるようにしましょう。

またセルのデータをすべて削除するときは、該当するセルを選択して Back space キーまたは Delete キーを押します。Back space キーの場合は、編集モードになり、すぐにデータを入力できます。

コピー・貼り付け・切り取り
手入力よりコピペしよう

必修　　File：Lesson1_006.xlsx

BEFORE

店舗名をコピーしたい

同じデータを入力するのは面倒だ……

AFTER

店舗名をC列にコピーできた

コピペすれば一瞬！

セルの選択は、クリックまたはドラッグ

　Excelで作業していると、同じデータを入力したい場面は多々あります。**手入力はミスの原因なので、できるだけコピー・ペースト（貼り付け）する**クセを付けましょう。

　コピーや貼り付けは、[ホーム]タブから実行できますが、よく使うのでショートカットキーを覚えてください。まず、コピーしたいセル（セル範囲）を選択して、Ctrl＋Cキーを押します。貼り付けたいセルを選択して、Ctrl＋Vキーを押してペースト。これで、同じデータをコピペできます。元の場所にデータを残したくない場合は、Ctrl＋Cキーの代わりにCtrl＋Xキーを押します。Ctrl＋Vキーで貼り付けと同時に、元データが切り取られます。

POINT

▶ コピーはセル範囲を選択して Ctrl + C キー

▶ 貼り付けは、セルをクリックして Ctrl + V キー

▶ 切り取りは、セルをクリックして Ctrl + X キー

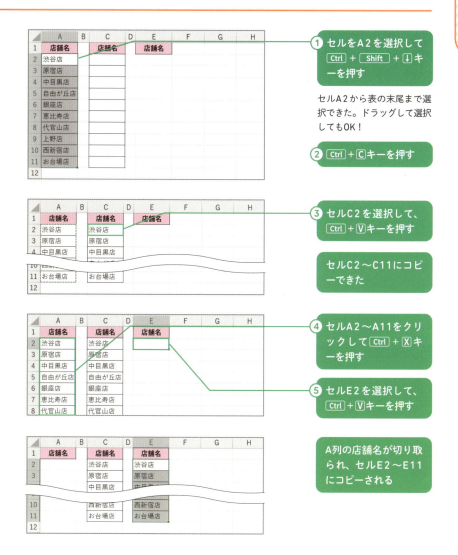

簡単なのに超便利！ 実は奥深いコピペの極意

貼り付けオプションを使いこなそう

File：Lesson1_007.xlsx

BEFORE　表の書式だけコピーしたい

A列の表と同じ書式にしたい…手作業は面倒！

目的に合わせて形式を選択して貼り付けると効率アップ

　貼り付けオプションとは、**貼り付けの形式を選択できるオプション**のことです。コピーした後、または貼り付けた後に「どのように貼り付けるか？」を指定できます。たとえば、「計算式を除いた値（計算結果）や純粋な文字のみ貼り付けたい」「表の書式設定だけ貼り付けたい」などのシーンで便利です。

　全部で14種類の貼り付けの形式があり、特に［値］［書式設定］の**貼り付け方法は使用頻度が高い**ので、使い方を覚えておきましょう。ショートカットキーの場合は、Ctrl＋Alt＋Vキーを押すと［形式を選択して貼り付け］画面が表示されます。

POINT

▶ ［書式設定］の貼り付けは、書式だけ流用したいときに便利
▶ ［値］の貼り付けは、貼り付け先の書式を生かしたいときに便利
▶ 貼り付けオプションは Ctrl + Alt + V キーを押す

LESSON 1 　基本操作

C列がA列と同じ書式になった　AFTER

A列の表をコピーして、書式だけ貼り付けた

貼り付けのオプションってどこにある？

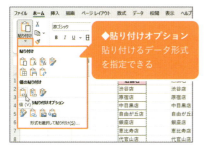

●貼り付け前
［貼り付け］ボタン下部の［▼］をクリックする。

◆貼り付けオプション
貼り付けるデータ形式を指定できる

●貼り付け後
貼り付け直後に表示される ボタンをクリックする。

CASE_1

値のみ貼り付ける

① セルD1〜D11を選択して Ctrl + C キーを押してコピー。
② 貼り付けたいセルを選択。

▽

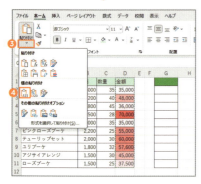

③ ［ホーム］タブの［貼り付け］にある［▼］をクリック。
④ ［値］をクリックする。

▽

書式は変わらず、値のみが貼り付けられた。

CASE_2

書式のみ貼り付ける

① セルD1〜D11を選択して Ctrl + C キーを押してコピー。
② 貼り付けたいセルを選択して Ctrl + Alt + V キーを押す。

▽

③ ［形式を選択して貼り付け］画面が表示されたら T キー（書式設定）を押す。または［書式］をクリック。

▽

入力データはコピーされず、書式のみ貼り付けられた。

貼り付けのオプションの形式一覧

形式	説明
貼り付け	セルに含まれる内容をすべて貼り付ける。
数式	書式を除き、数式のみ貼り付ける。
数式と数値の書式	数式とすべての数値の表示形式設定のみを貼り付ける。
元の書式を保持	コピー元の書式を保持して貼り付ける。
罫線なし	罫線を除いたすべてを貼り付ける。
元の列幅を保持	コピーしたセルの列幅を保持して貼り付ける。
行/列の入れ替え	行と列を入れ替えて貼り付ける。
値	書式や数式などを除いた値として貼り付ける。
値と数値の書式	値と数値の表示形式を貼り付ける。
値と元の書式	値と書式を貼り付ける。
書式設定	書式設定のみ貼り付ける。
リンク貼り付け	セルの参照として貼り付ける。
図	図として貼り付ける。
リンクされた画像	元のセルとリンクして図として貼り付ける。 (元のセルの値が変われば、貼り付けられた画像も変わる)

オートフィルが時短すぎる！
連続データの入力は3秒で終わらす

必修　　File：Lesson1_008.xlsx

NG　❌ すべて「1」と入力される……

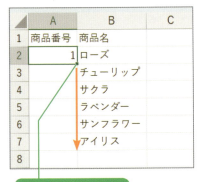

① フィルハンドル（■）を下にドラッグ

セルA3～A7に「1」がコピーされた

数値だけではない！ 日時や曜日もドラッグで入力できる

　オートフィルとは、規則性があるデータを入力できる機能です。たとえば、「1,2,3…」のように連番を振りたいときに便利です。**数値データの場合は、セルを選択して[Ctrl]キーを押しながらフィルハンドル（■）をドラッグ**します。そのままドラッグすると上の図のように「1,1,1…」となってしまいます。
　ただし**文字列の場合は、そのままフィルハンドルをドラッグ**するだけでOK！「1月、2月、3月…」「1/1、1/2、1/3…」「月、火、水…」など、連続データが入力できます。ここでは下方向にドラッグしていますが、上下左右どの方向でも入力できます。

POINT

▶ オートフィルは規則性があるデータを入力するときに便利
▶ 数値は Ctrl キーを押しながらフィルハンドルをドラッグ
▶ 文字列は、フィルハンドルをドラッグ

○ 連続する数値がパパッと入力できた　GOOD

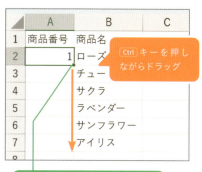

① Ctrl キーを押しながらフィルハンドルを下にドラッグ

セルA3～A7に連続する数字が入力がされた

CASE_1　曜日

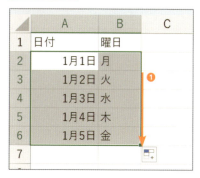

❶ セルA2～B2を選択して、フィルハンドルを下へドラッグ。日付と曜日が入力される。

CASE_2　四半期

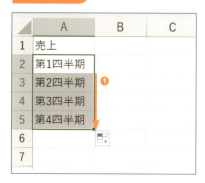

❶ セルA2を選択して、フィルハンドルを下へドラッグ。文字と数字を組み合わせた連続データが入力できた。

セルは挿入しないのがベター！

セルを増やしたいときは、行／列ごと挿入する

必修　　File：Lesson1_009.xlsx

BEFORE

表の途中にデータを追加したい

	A	B	C
1	商品名	販売本数	
2	スイートピー	2,800	
3	バラ	3,500	
4	カーネーション	6,000	
5	合計	12,300	
6			
7			

バラとカーネーションの間に、データを追加したい

AFTER

空白行を追加できた

	A	B	C
1	商品名	販売本数	
2	スイートピー	2,800	
3	バラ	3,500	
4			
5	カーネーション	6,000	
6	合計	12,300	
7			

4行目に新しい行が追加された

セルを挿入するのではなく、行または列を挿入しよう

　表にデータ項目を追加したいときは、行または列を挿入しましょう。単一のセルを挿入すると、そのセルに関連する行や列のデータがずれるため、表全体の構造が崩れるリスクがあります。これを防ぐために、**行または列全体を選択して挿入することが重要**です。[ホーム] タブの [挿入] をクリックして行や列を追加します。

　また、ショートカットキーを使うとさらに効率的です。行や列を挿入するショートカットキーは、Ctrl ＋ ＋ キーです。テンキーがない場合、＋ キーは Shift ＋ ; キーで入力できるので、ショートカットは Ctrl ＋ Shift ＋ ; となります。

POINT

- ▶ 行または列を選択して [ホーム] タブの [挿入] をクリック
- ▶ 行または列の挿入は Ctrl + + (Shift + ;) キー
- ▶ 行または列の削除は Ctrl + - キー

---

① 行をクリック

行全体が選択される。

② Ctrl + + キーを押す

テンキーがない場合は Ctrl + Shift + ; キーを押す。

上に行が挿入された

選択した行の上に挿入される。また、列を挿入する場合は、選択した列の左に挿入される。

行または列を削除したいときは、Ctrl + - キーを押してみましょう。また、間違って削除してしまった場合は Ctrl + Z キーで元に戻しましょう。

010 必修

見やすい表をつくるために

行の高さ、列の幅の調整は大切！

File：Lesson1_010.xlsx

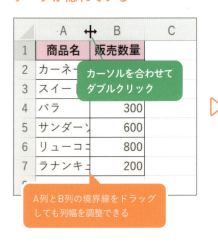

BEFORE データが隠れている…
カーソルを合わせてダブルクリック
A列とB列の境界線をドラッグしても列幅を調整できる

AFTER 列幅が自動的に調整された
A列のデータがすべて表示された

行の高さは均一に、列はデータが見えるように

　いい資料ができたとしても、文字や数字が切れていたり、行の高さがバラバラだったりすると台無しです。今回は、行列の幅の調整方法を紹介します。

　データが途中で切れているときは、**行番号または列番号の境界線にマウスを移動し、カーソル（┼）が変わったときにドラッグ**すると、幅や高さを調節できます。また、**境界線をダブルクリック**するとセル内の文字に合わせて自動で行の高さ、列の幅を一度に調整できます。一度にまとめて揃えたいときは、行または列を複数選択して、境界線をドラッグまたはダブルクリックしましょう。

POINT

- ▶ 行番号または列番号の境界線をドラッグ
- ▶ 自動調整は、行番号または列番号の境界線をダブルクリック
- ▶ 複数の行列を選択すると、一気に調整できる

LESSON 1 | 基本操作

BEFORE

行の高さがバラバラ…

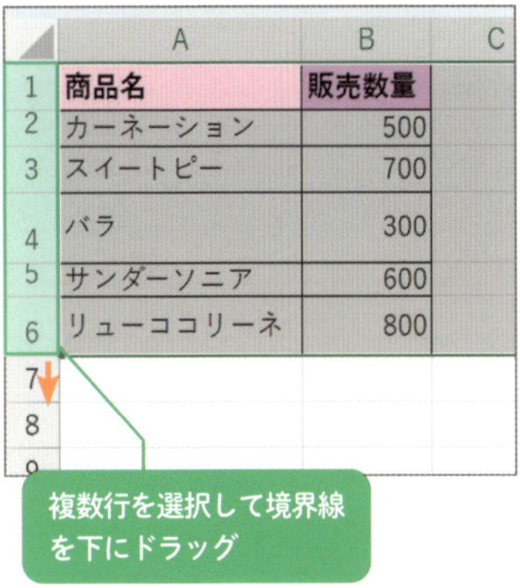

複数行を選択して境界線を下にドラッグ

AFTER

行の高さが揃った

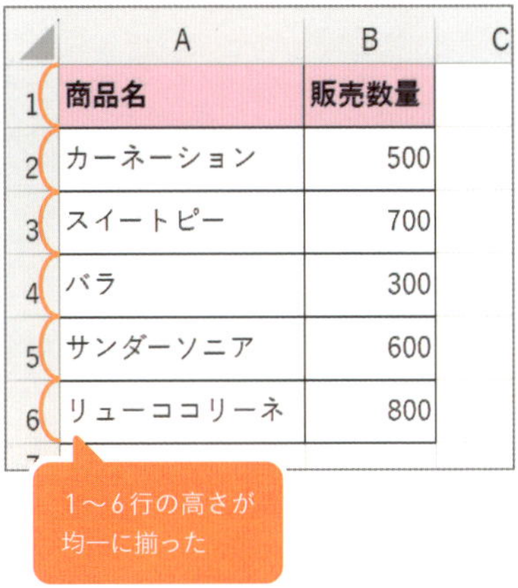

1〜6行の高さが均一に揃った

✓ 知っておくと便利!

「####」と表示されたら

セル内の文字が「####」と表示されるのは、列幅が狭すぎて内容（特に数値や日付）が表示しきれない場合です。列幅を広げると正常に表示されます。

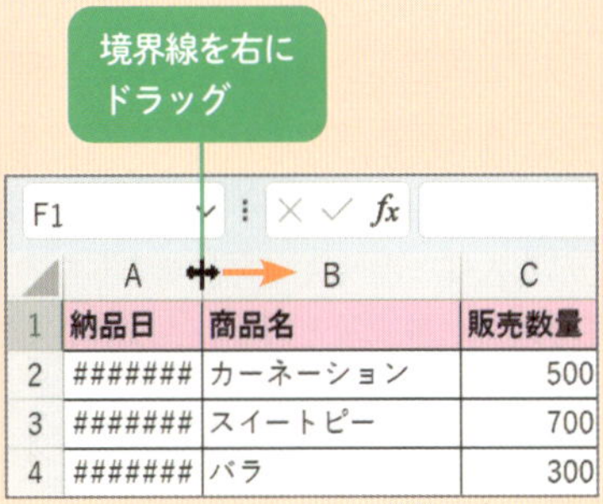

境界線を右にドラッグ

011 必修

右クリックメニューは時短への近道
右クリックするクセを身につけよう

SUMMARY 右クリックして便利な機能を表示！

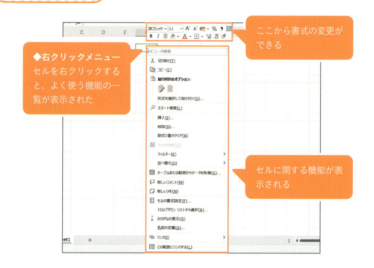

◆右クリックメニュー
セルを右クリックすると、よく使う機能の一覧が表示された

ここから書式の変更ができる

セルに関する機能が表示される

困ったら右クリック！ いつもの操作が速くなるワザ

　機能を実行しようとするとき、**一般的によく使う機能は右クリックから実行**できます。このメニューを「右クリックメニュー」または「ショートカットメニュー」と呼びます。

　たとえば、セルを右クリックしたときに、セルの挿入や削除、新しいコメントやメモの追加、書式設定など、さまざまな機能を実行できます。

　右クリックする場所によって表示されるメニューが異なるので、セルやグラフなどに対して何か機能を実行したいときは、対象範囲を選択して右クリックをしてみると、実行したい操作が見つかることが多いです。

POINT

▶ 右クリックでよく使う機能の一覧を表示できる

▶ クリックする場所によってメニューの内容が異なる

▶ リボンのどこに機能があるかわからなくなったら、右クリック！

CASE_1

列の挿入や削除、非表示、再表示の機能などが表示された。行番号を右クリックしても同じメニューが表示される。

CASE_2

シートの挿入や削除、名前の変更など、シートに関するメニューが表示される。

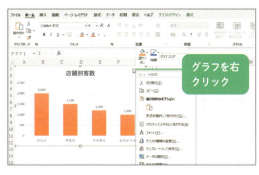

CASE_3

グラフエリアの書式を設定したり、図として保存したりできる。

そのまま機能の横に記されているアルファベットを押すと、機能が実行される。たとえば左の画面の状態で C キーを押すと、グラフがコピーされる。

012 必修

ルール化しておくとGOOD！
仕事上手はブックやシートの管理も上手

NG ✘ ブックやシートの内容がわからない

◆ブック名
最新のブックがどれかわからない

◆ファイル名
シート名が標準のままになっている

誰が見ても何のブック・シートがわかるように

　Excelでは、ファイルのことを「ブック」と呼びます。ブック名は、探したり、開いたりするときに、見つけやすい名前を付けましょう。「Book1」「Sheet1」など、ブック名やシート名が標準のままになっているのはNGです。Excelは自分だけではなく、チームで使ったり、取引先に共有したりしますから、受け取った相手が理解できるように気配りしておくことが大事です。社内でブック名やシート名の付け方をルール化しておくのもよいでしょう。

POINT

▶ ブック名・シート名を見ただけで内容が明確

▶ 日付の書き方やつなぎの記号は統一する

▶ バージョン管理はルール化しておく

◯ 誰が見ても内容がわかる　GOOD

日付の書き方、つなぎの記号「_」が統一されている

どの店舗のデータなのか見つけやすい

ダブルクリックすると編集でき、ドラッグすると並べ替えられる

知っておくと便利！

シート見出しの色を変更する

シート見出しを右クリックして、[シート見出しの色] をクリックすると、色を変更できます。目立たせたいシートがあるときに使えるテクニックです。

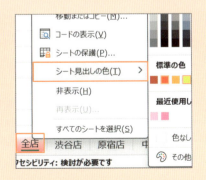

013 必修

データのバックアップ

「保存し忘れた！」 失われたデータを取り戻す

SUMMARY 10分間隔でバックアップされている

誤ってデータを保存せず、ファイルを閉じてしまった…

[ホーム]タブ→[開く]→ここをクリックすると、保存される前のファイルを回復できる

大丈夫！ ブックはバックアップされている

　「ブックを保存しないまま、ファイルを閉じてしまった！」というシチュエーションはあるあるです。Excelでは、**標準の状態で10分ごとに回復用データが自動保存される設定**になっています。ブックを復旧したい場合は、[ホーム]タブ→[開く]→**[保存されていないブックの回復]をクリック**しましょう。ブックは一定期間保存されており、最後に保存した状態で回復できます。次のページでは、自動保存が設定されているか、どこに保存されているのかを確認する方法を紹介します。
　また、Ctrl + S **キーを押すとブックを上書き保存**できます。小まめに保存するように心がけましょう。

POINT

- ▶ データは一定間隔ごとにバックアップされる
- ▶ [保存されていないブックの回復]から復旧できる
- ▶ Ctrl + S キーを押して、小まめに上書き保存

LESSON 1 | ブック・シート

バックアップできているか確認する

① [ファイル]タブをクリック

② [その他…]から[オプション]をクリック

③ [保存]をクリック

④ 自動保存の間隔、保存場所を確認

自動保存できていない場合は、[次の間隔で自動回復用データを保存する]にチェックマークを付ける。

保存に関する豆知識をここで1つ！ブックを閉じると、アクティブセルの位置も保存されます。私はブックを閉じる前に Ctrl + Home キーを押して、アクティブセルをセルA1に戻しています。次にブックを開いたときもストレスなく操作できますよ。

014 検索を使って、データを瞬時に発見

どこでも見つけられます！

必修

File：Lesson1_014.xlsx

SUMMARY

Ctrl + F キーで検索！

Ctrl + F キーを押して［検索］画面から検索する

キーワードが検索された

データを探したいときは Ctrl + F キー！

　シートの中で目的の数値や文字列を探したいときは、検索機能を利用すると瞬時に発見できます。［ホーム］タブ→［検索と選択］をクリックすると［検索と置換］画面が表示されます。探したい数字や文字列を入力して、［次を検索］をクリックしましょう。ショートカットキーは Ctrl + F キーです。使う頻度も高いので、**Find（見つける）の「F」**と覚えておきましょう。

　また、特定の範囲を限定して検索したいときは、範囲を選択してから検索します。ブック全体で特定のデータを検索することもできますので、次のページで解説します。

POINT

▶ Ctrl + F キーを押して検索画面を表示

▶ 特定の範囲を限定して検索することもできる

▶ 検索対象は、シートだけでなくブックも可能

ブック全体でデータを検索する

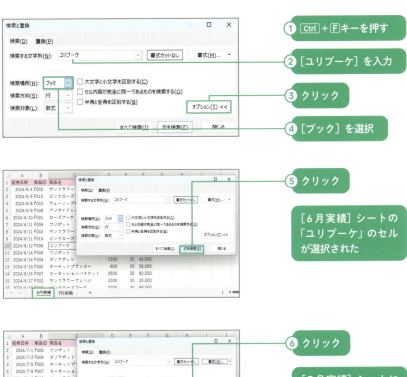

検索を終了するときは［閉じる］をクリックする。

015 必修

まだ手作業でやっているの？
手作業禁止！
面倒な修正も一括置換

File：Lesson1_015.xlsx

BEFORE
「㈱」を「株式会社」にしたい

	A	B	C
1	㈱花優美		
2	花楽㈱		
3	㈱花輝き		
4	花響き㈱		
5	花の楽園㈱		
6	㈱花詩		
7	フラワーカラー㈱		
8	花和㈱		
9	花煌り㈱		
10	㈱花舞台		

AFTER
指定したデータが置換された

	A	B	C
1	株式会社花優美		
2	花楽株式会社		
3	株式会社花輝き		
4	花響き株式会社		
5	花の楽園株式会社		
6	株式会社花詩		
7	フラワーカラー株式会社		
8	花和株式会社		
9	花煌り株式会社		
10	株式会社花舞台		

表記揺れは置換機能を使って修正！

　特定の文字列を別のテキストやデータに書き換えたいとき、置換機能を使うと一度に書き換えることができます。［ホーム］タブ→「検索と選択」をクリックして［検索と置換］画面を表示します。Ctrl＋Hキーを押しても表示できます。こちらも検索同様によく使うショートカットキーなので覚えておきましょう。

　［検索と置換］画面が表示されたら「検索する文字列」と「置換後の文字列」を入力して、［置換］または［すべて置換］をクリックします。**［オプション］をクリックすると書式設定を置換できる**ようになります。セルの色やフォントを一括で変更したいときに便利です。

POINT

▶ Ctrl + H キーを押して置換画面を表示
▶ 文字列を空白に置換することも可能
▶ オプションを使うとより高度な置換ができる

特定の範囲を限定して文字列を置換する

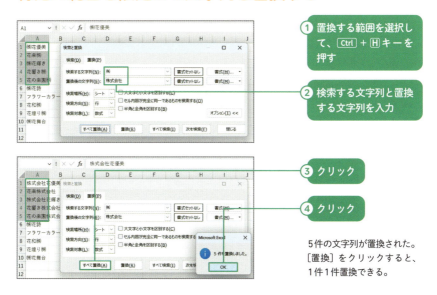

① 置換する範囲を選択して、Ctrl + H キーを押す

② 検索する文字列と置換する文字列を入力

③ クリック

④ クリック

5件の文字列が置換された。[置換]をクリックすると、1件1件置換できる。

知っておくと便利！

特定の文字列を消したいときにも便利！

置換機能を利用して、任意の文字列を削除することができます。
「置換後の文字列」を空欄にしておくことで、「何もない状態」に置換できます。

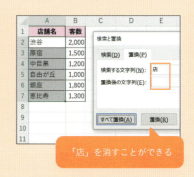

「店」を消すことができる

COLUMN

操作を間違えたら Ctrl + Z キーで リカバリー

［元に戻す］と［やり直す］

　Excelで操作を間違えた場合は、Ctrl + Z キーを使って「元に戻す」ことができます。これにより、直前の操作を取り消せます。複数回押すことで、さらに前の状態に戻すことも可能です。

　もし元に戻しすぎた場合や、取り消した操作をやり直したい場合は、Ctrl + Y キーを使って「やり直す」ことができます。これにより、元に戻した操作を再実行できます。

　また、**画面左上のクイックアクセスツールバーには［元に戻す］と［やり直す］ボタン**も用意されており、こちらをクリックして操作することも可能です。ショートカットやツールを活用することで、Excelでの作業がさらに効率的に進められます。

	A	B	C	D	E
1	商品名	販売金額	仕入金額	粗利率	
2	フジポット	35,000	14,000	60%	
3	ダリアポット		48,000	20,160	58%
4	オーキッドプランター	36,000	20,520	43%	
5	カーネーションバスケット	70,000	42,700	39%	
6	サンフラワーアレンジ	35,000	24,500	30%	
7					

間違ってセルを挿入してしまった。

Ctrl + Z キーを押す

	A	B	C	D	E
1	商品名	販売金額	仕入金額	粗利率	
2	フジポット	35,000	14,000	60%	
3	ダリアポット	48,000	20,160	58%	
4	オーキッドプランター	36,000	20,520	43%	
5	カーネーションバスケット	70,000	42,700	39%	
6	サンフラワーアレンジ	35,000	24,500	30%	
7					

セルが挿入される前の状態に戻った場合、もう一度 Ctrl + Z キーを押すと、さらに前の状態に戻ります。逆に、Ctrl + Y キーを押すと、セルが挿入された状態にやり直されます。

LESSON 2

見やすいシートや表をつくる見せ方のテクニック

016 基礎

セルの書式設定とは？
セルの書式設定で
セルやデータを見やすく！

BEFORE 書式設定されてない素の状態……

表にメリハリがない

	A	B	C	D
1	商品名	販売金額	仕入金額	粗利率
2	フジポット	35000	14000	0.6
3	ダリアポット	48000	20160	0.58
4	オーキッドプランター	36000	20520	0.43
5	カーネーションバスケット	70000	42700	0.39
6	サンフラワーアレンジ	35000	24500	0.3
7				

数字が読みにくい

上手に使いこなしたい！書式設定の重要性

　セルの書式設定とは、**セルやデータに装飾を施す機能**です。書式設定を行うことで、資料はより機能的になり、情報が伝わりやすくなります。

　実際にBEFORE・AFTERを比較してみましょう。左図は書式設定がされていない状態です。一方、右図は見出しに色を付けて太字にし、表に罫線を引くことで、視覚的に情報が伝わりやすくなりました。また、数字には読みやすさを考慮し、桁区切り「,」や「％」形式に変更しています。これを**「表示形式」**と呼び、**データの見た目を変更することも書式設定**の1つです。表示形式については、60ページで詳しく説明します。

POINT

▶ セルの書式設定を活用して、視覚的に見やすい表がつくれる
▶ 配置、フォント、罫線、塗りつぶしなどが設定できる
▶ 数字も書式設定の中の「表示形式」で読みやすく変更できる

LESSON 2 ｜ 書式設定

書式設定すると視覚的にわかりやすい！ **AFTER**

- 中央揃えに配置
- フォントを太字に
- セルの塗りつぶし
- 罫線を引く
- 桁区切り「,」の表示形式
- 「%」の表示形式

セルの書式設定を活用することで見やすくなった

表示形式とは、数値や文字の見た目を変更するための設定のこと

上図のように、セルの書式設定では、いろいろな設定が可能です。ついつい装飾したくなるかもしれませんが、なるべくシンプルに！強調させたいものだけ、目立たせるようにしましょう。

017 セルの書式設定を変更してみよう

[セルの書式設定] 画面の表示方法

必修

File：Lesson2_017.xlsx

SUMMARY どこから設定できるか確認しよう

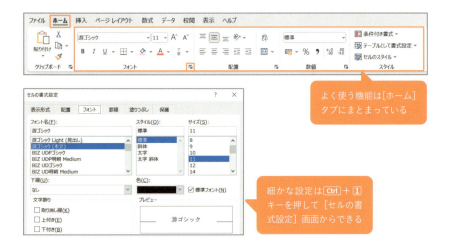

よく使う機能は[ホーム]タブにまとまっている

細かな設定はCtrl＋1キーを押して[セルの書式設定]画面からできる

[ホーム]タブと[セルの書式設定]画面から設定できる！

　セルの書式設定は、データの見た目と理解を助けるための重要なツールです。フォントの変更からセルの色付け、数値の表示形式に至るまで、さまざまな項目に対して設定できます。

　セルの書式設定の中でよく使うものは、[ホーム]タブに表示されています。また、より細かい設定をしたいときは[セルの書式設定]画面を表示しましょう。[ホーム]タブにない設定があったり、一度に複数の書式を設定できたり便利です。[セルの書式設定]画面は、[ホーム]タブの（⇲）をクリック、またはCtrl＋1キーを押して起動しましょう。右ページでは、[セルの書式設定]画面から取り消し線を入れる方法を紹介します。

POINT

- ▶ よく使う機能は［ホーム］タブにまとまっている
- ▶ より詳細な設定は［セルの書式設定］画面から
- ▶ ［セルの書式設定］画面は Ctrl + 1 キー

LESSON 2 ｜ 書式設定

［セルの書式設定］画面から取り消し線を入れる

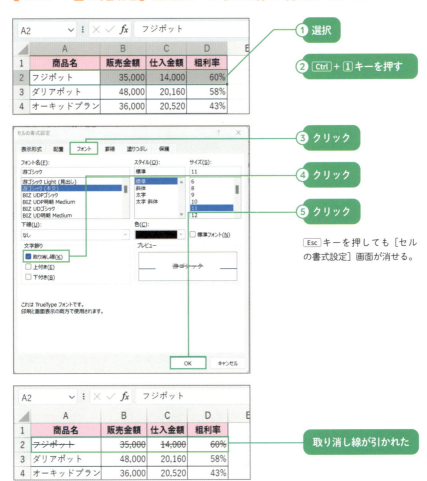

① 選択

② Ctrl + 1 キーを押す

③ クリック

④ クリック

⑤ クリック

Esc キーを押しても［セルの書式設定］画面が消せる。

取り消し線が引かれた

018 必修

見やすく読みやすい文字にしたい

資料をぐっと見やすくするフォント選び

File：Lesson2_018.xlsx

NG ✘ シート全体でフォントがバラバラ

- シート全体でフォントがバラバラ
- 読みにくい文字サイズと配色
- マイナス（赤字）を青字で表示
- 装飾的なフォント

	A	B	C	D
1	販売実績			
2	商品名	先月	今月	差分
3	ローズ	320	312	-8
4	チューリップ	404	411	
5	サクラ	240	278	
6	ラベンダー	340	350	

装飾に凝るよりも視認性・可読性が大事

　フォントはパソコンで表示するときはもちろん、紙、プロジェクターに出力したときにおいても、**読みやすさを左右する重要な役割**があります。フォントタイプ、サイズ、色、強調（太字、イタリック、下線）などの設定をすれば、データの重要なポイントを際立たせることができます。ただし、何種類ものフォントを利用したり、色も華美になりすぎないように適度な利用が望ましいです。

　既定フォントは「游ゴシック」でフォントサイズは「11」です。変更したい場合は、［ホーム］タブの［フォント］グループか、［セルの書式設定］タブの［フォント］タブから設定しましょう。

POINT

▶ フォントの設定で、強調する度合いを調整できる
▶ 文字色は、視認性・可読性の高い黒・赤・青などの一般的な色を使う
▶ 既定フォントは「游ゴシック」、サイズは「11」

LESSON 2 | 書式設定

○ 読みやすさや見やすさを考慮　GOOD

使用フォントの数を絞り一貫性を持たせる

読みやすいフォントサイズに設定

強調したい箇所だけ塗りつぶす

マイナスは赤字または黒字がベター

装飾的なフォントは使わない

☑ 知っておくと便利!

「メイリオ」もおすすめ

視認性と可読性に優れているフォントとして「メイリオ」もおすすめです。「游ゴシック」よりも線が太く、遠くからでも文字がはっきり見えます。

019 必修

文字や数値の配置のコツ

データを際立たせる配置ルール

File:Lesson2_019.xlsx

SUMMARY 文字列は左揃え、数値は右揃え

データを揃えることで、読みやすさが向上

　Excelの書式設定における「配置」は、セル内のデータ位置を調整し、表の読みやすさを高める機能です。

　配置の機能は、[ホーム] タブの [配置] グループにまとまっています。水平方向の配置には**左揃え、中央揃え、右揃え**、垂直方向には**上揃え、上下中央揃え、下揃え**が選べます。また、インデントの増減により、情報の階層を明確に示すことができます。

　通常、**文字列は左揃え、数値は右揃え**です。数値は右揃えにすることで、小数点や桁区切り（,）が揃うため、数値の比較を容易にします。

POINT

- ▶ [ホーム] タブの [配置] グループから調整できる
- ▶ 文字列は左揃えに配置する
- ▶ 数値は右揃えにして、単位や位の位置を揃える

セル内のデータ位置を調整するボタン

ボタン	配置例	ボタン	配置例
上揃え	ローズ	左揃え	ローズ
上下中央揃え	ローズ	中央揃え	ローズ
下揃え	ローズ	右揃え	ローズ
インデントを増やす※	ローズ ▼ ローズ	インデントを減らす	ローズ ▼ ローズ

※インデントとは、行頭を右にずらして文章の構造や階層関係を視覚的に示す手法のことです。

◎知っておくと便利!

縦書きもできる

[ホーム] タブの [方向] ボタン (🔃) をクリックすると、文字の回転や反転といった調整が可能です。[縦書き] をクリックすると、縦書きで表示されます。

クリック

LESSON 2 | 書式設定

020 セル内に文章を書くときのコツ

折り返して全体を表示したい

必修

📁 File：Lesson2_020.xlsx

BEFORE　セルから文字がはみ出ている

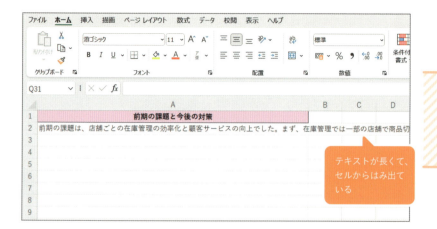

テキストが長くて、セルからはみ出ている

テキストを折り返して、もっと読みやすく！

　テキストが長い場合、セルからはみ出すことがあります。隣のセルにデータがあると、テキストが見切れてしまうことも。この問題を解決するには、[ホーム] タブにある [折り返して全体を表示する] ボタン（🔃）です。クリックすると、セルの幅はそのままで、テキストを複数行に渡って表示できます。また [セルの書式設定] 画面の [配置] タブを表示すると、[縮小して全体を表示] を設定することも可能です。

　セル内で改行が必要な場合は、改行したい位置にカーソルを合わせて Alt + Enter キーを押しましょう。

POINT

- ▶ セル内に文字が収まらないときは、折り返す
- ▶ セル内の改行は Alt + Enter キーを押す
- ▶ フォントサイズを縮小して全体を表示する方法もある

セル内に全体を表示できた　AFTER

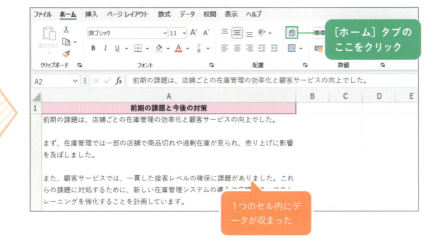

任意の位置で改行するには

① カーソルを合わせる

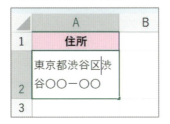

② Alt + Enter キーを押す

改行できた

021 必修

複数セルの中央に文字を配置したい

セルを結合せずに複数セルの中央に表示する

File：Lesson2_021.xlsx

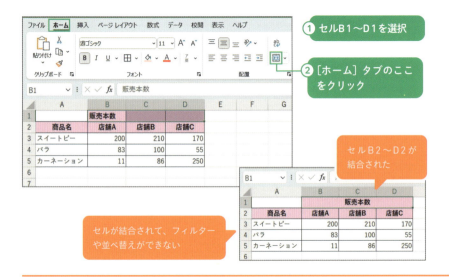

NG ❌ セルを結合して中央揃え

① セルB1〜D1を選択
② [ホーム]タブのここをクリック
セルB2〜D2が結合された
セルが結合されて、フィルターや並べ替えができない

セル結合はNG？ 使い方と注意点

複数のセルを1つの大きなセルに見立てて結合することを「**セルの結合**」と言います。これにより、タイトルの作成やデータのグループ化などに有効です。セル結合を行うと、結合の対象になったセルの一番左上のデータが保持され、その他のデータは消えてしまいます。また、**セルの結合は、結合されたセルは、数式や並べ替え、フィルタリングなどの機能に影響を及ぼす可能性がある**ため、使用する際には目的と影響を考慮する必要があります。

そこで、右ページでは[セルの書式設定]画面からセル範囲の中央に文字列が配置される方法を紹介します。

POINT

▶ ［セルを結合して中央揃え］でセルを結合できる
▶ セルを結合すると、一部の機能が使えなくなる
▶ セル結合をしなくても、複数セルの中央に文字列を表示できる

○ セル範囲の中央に文字列を配置　GOOD

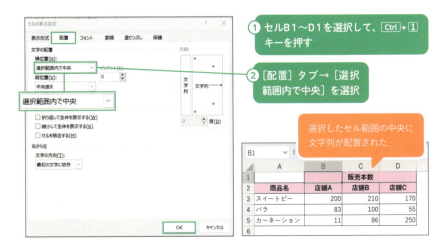

① セルB1〜D1を選択して、Ctrl + 1 キーを押す

② ［配置］タブ→［選択範囲内で中央］を選択

選択したセル範囲の中央に文字列が配置された

セル結合した表を並べ替えたら、どうなる？

　下図の表を客数で並べ替えをしようと思ったら、A列のエリア名部分が結合されているためにうまく並べ替えができませんでした。76ページで紹介するデータベース形式を意識しながら、なるべくセルを結合するのは控えましょう。

客数順で並べ替えようとしたら、エラーが表示された

022 必修

表示形式とは
データの"見た目"を変えて見栄えをよくする

File : Lesson2_022.xlsx

SUMMARY 値を変えず見た目だけ変える

表示形式	桁区切り (,)	通貨（¥）	パーセント (%)
セルの値（標準）	12300	2864000	1
セルの見た目	12,300	¥2,864,000	100%

表示形式を活用して、データの意味が明確に！

　表示形式とは、**値を変えずに見た目を変えられる設定**のことです。表示形式にはさまざまな種類があり、**数値、日付、時間、通貨**などのデータタイプに合わせて適切な形式を選択できます。

　たとえば、「2864000」というセルの値に通貨の表示形式を設定すると「¥2,864,000」になり、ひと目で金額に関する項目だということが理解できます。セルの値自体は変更されていません。あくまでも表向きの見た目だけが変わっています。

　数値の表示形式の変更は、[ホーム] タブの [数値] グループで変更できます。目的に合わせた表示形式を選びましょう。

POINT

- ▶ 表示形式とは、値を変えずに見た目を変更できる
- ▶ 数値、日付、時間、通貨などの表示形式がある
- ▶ 数値は桁区切り (,)、金額には通貨 (¥) を設定

LESSON 2 | 書式設定

構成比を「％」で表示する

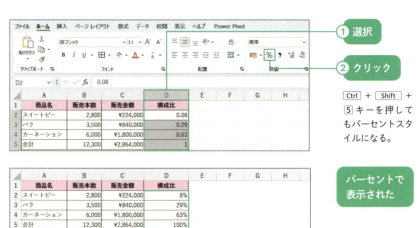

① 選択

② クリック

Ctrl + Shift + 5 キーを押してもパーセントスタイルになる。

パーセントで表示された

⊘ 知っておくと便利！

そのままのデータを表示したいときは[標準]

表示形式の[標準]をクリックすると、セルに入力されたデータをそのまま表示できます。サンプルの「8％」を標準に戻すと「0.078212291」になります。

ここをクリックすると、さまざまな表示形式が表示される

023 必修

「1」ではなく「001」と表示したい！

「ユーザー定義」を使って思い通りに表示する

File：Lesson2_023.xlsx

SUMMARY　ユーザー定義はどんなときに役立つ？

「001」と入力しても「1」と表示される…

	A	B	C	D	E
1	NO	商品名	販売本数	販売金額	構成比
2	1	スイートピー	2,800	¥224,000	8%
3	2	バラ	3,500	¥840,000	29%
4	3	カーネーション	6,000	¥1,800,000	63%
5		合計	12,300	¥2,864,000	100%
6					

数値データに「本」と単位を付けたい！

思い通りの表示に、自由にカスタマイズ！

　セルの書式設定で希望する表示形式が見つからない場合は、[セルの書式設定] 画面→ [表示形式] タブ→ [ユーザー定義] を選び、自由に設定できます。

　たとえば「1」を「001」と表示するには「000」、数字に単位を付けたいときは「#,##0本」と定義します。「0」「#」などの書式記号の意味については、65ページで解説しています。

　また、日付のカスタマイズも便利です。「2024/10/01」を「2024年10月1日（火）」と表示したいときは、「yyyy"年"m"月"d"日"(aaa)」と定義します。「yyyy」は年、「m」は月、「d」は日、「aaa」は曜日を示しています。

CASE_1

「1」を「001」と表示する

	A	B	C	
1	NO	商品名	販売本数	販売
2	1	スイートピー	2,800	¥2
3	2	バラ	3,500	¥8
4	3	カーネーション	6,000	¥1,8
5		合計	12,300	¥2,8

❶ セルA2〜A4を選択して、[Ctrl]+[1]キーを押す。

▽

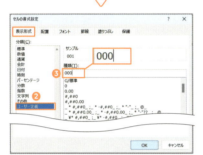

❷ [表示形式] タブ→ [ユーザー定義] を選択。
❸ 「000」と入力して [OK] をクリック。

▽

	A	B	C	
1	NO	商品名	販売本数	販売
2	001	スイートピー	2,800	¥2
3	002	バラ	3,500	¥8
4	003	カーネーション	6,000	¥1,8
5		合計	12,300	

「001」と表示できた。

CASE_2

数値に任意の単位を付ける

	A	B	C	
1	NO	商品名	販売本数	販売
2	1	スイートピー	2,800	¥2
3	2	バラ	3,500	¥8
4	3	カーネーション	6,000	¥1,8
5		合計	12,300	¥2,8

❶ セルC2〜C5を選択して、[Ctrl]+[1]キーを押す。

▽

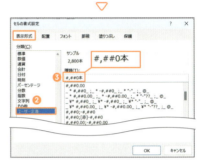

❷ [表示形式] タブ→ [ユーザー定義] を選択。
❸ 「#,##0本」と入力して [OK] をクリック。

▽

	A	B	C	
1	NO	商品名	販売本数	販売
2	001	スイートピー	2,800本	¥2
3	002	バラ	3,500本	¥8
4	003	カーネーション	6,000本	¥1,8
5		合計	12,300本	¥2,8

「2,800本」と表示できた。

LESSON 2 | 書式設定

> 一度設定したユーザー定義の書式は、ブックに保存されます。
> 次回から同じ設定を使用する場合は、ユーザー定義の [種類] 一覧から選択しましょう。

CASE_3

曜日を入れて漢字で表示

❶ セルA2〜A5を選択して、[ユーザー定義]を表示しておく。

▽

❷ 「yyyy"年"m"月"d"日"(aaa)」と入力。
❸ [OK] をクリック。

▽

「2024年10月1日(火)」と表示できた。
もし「火曜日」と表示したい場合は、「(aaaa)」と入力する。

CASE_4

時間を「分」に換算する

❶ セルB2〜B6を選択して、[ユーザー定義]を表示しておく。

▽

❷ 「[m]」と入力。
❸ [OK] をクリック。

▽

時間が分単位で表示された。
時間の記号は [ ] で囲って表示形式を設定する。

数値に関する書式記号

書式記号	説明
0	数字を表示し、該当する桁に数値が存在しない場合は「0」を表示。
#	数字を表示し、該当する桁に数値が存在しない場合は何も表示しない。
,	数値を千の位ごとにカンマで区切って表示。
;	正の数、負の数、ゼロの値、テキストの場合の書式を分けて書く（設定する）ための区切り記号。
_	数値の後ろにスペースを開ける。
［赤］	書式の適用対象を赤色で表示。
"文字列"	ダブルクォーテーションで囲んだ文字列をそのまま表示。

書式記号の設定例

セルの入力データ	書式記号	表示される結果
123000000	#,##0	123,000,000
	#,##0,	123,000
	#,##0,,	123
123	0000	0123
	####	123
	0"万円"	123万円
0	#,##0	0
	#,###	（空欄）
-12.3	0.0_ ;[赤]-0.0	-12.3
	0.0_ ;[赤]▲0.0	▲12.3

024 必修

表作りに欠かせない罫線のコツ

罫線の引き方をマスターして見やすい表にする

File：Lesson2_024.xlsx

NG ✗ 罫線がないと理解しづらい……

(千円)	2022年	2023年	2024年
売上高	21,604	22,592	27,457
売上原価	7,386	8,005	9,804
売上総利益	14,218	14,587	17,653
販売管理費	11,470	13,217	16,563
営業利益	2,748	1,370	1,090

> 罫線がない状態で印刷したら表やデータの境界線がわからない……

罫線を引く、削除する

　セルに罫線を引くことで、表の見やすさを向上できます。あらかじめセルや範囲を選択し、[ホーム]タブの[罫線]ボタンをクリック。一覧からさまざまな種類の罫線を選択できます。プレビューを見ながら罫線を設定したいときは Ctrl ＋ 1 キーを押して、[セルの書式設定]画面の[罫線]タブから変更します。[罫線]タブからは、**外枠なのか内側の罫線なのかを選んで罫線の種類を設定できる**ので便利です。
　また罫線を消したいときは、[罫線]ボタンの一覧から[罫線の削除]を選択して、消したい罫線をクリックします。[セルの書式設定]画面の[罫線]タブからも[なし]を選択して削除できます。

POINT

- 罫線を引きたいセルを選択して、罫線の種類を選択
- 格子状の罫線を引くとデータの区切りがハッキリする
- 縦線を引かないとスッキリ見える

○ 罫線の設定で表の印象が変わる GOOD

(千円)	2022年	2023年	2024年
売上高	21,604	22,592	27,457
売上原価	7,386	8,005	9,804
売上総利益	14,218	14,587	17,653
販売管理費	11,470	13,217	16,563
営業利益	2,748	1,370	1,090

表全体に格子状の罫線を引く

(千円)	2022年	2023年	2024年
売上高	21,604	22,592	27,457
売上原価	7,386	8,005	9,804
売上総利益	14,218	14,587	17,653
販売管理費	11,470	13,217	16,563
営業利益	2,748	1,370	1,090

縦線なしならスッキリ見える

CASE_1 ［ホーム］タブから罫線を引く・消す

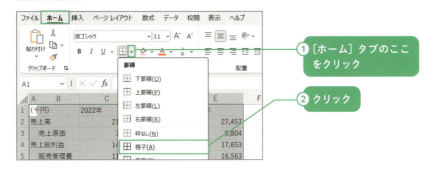

1. ［ホーム］タブのここをクリック
2. クリック

罫線が引かれた

余分な罫線を削除したい。

③ クリック

④ クリック

カーソルが消しゴムの形に変わった。

⑤ セルA3の右辺をクリック

罫線が消えた

他にもある余分な罫線を消しておく。

ここでは罫線を消していますが、元々セルについている灰色の枠線を非表示にする方法も紹介します。消したいときは、[表示] タブにある [目盛線] のチェックマークを外します。これにより、シート上のすべての灰色の線が非表示になります。

CASE_2 ［セルの書式設定］画面から罫線を引く

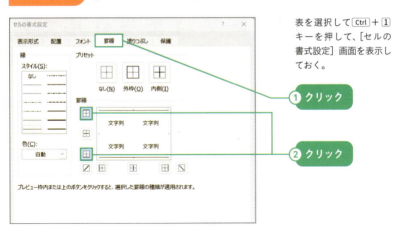

表を選択してCtrl＋1キーを押して、［セルの書式設定］画面を表示しておく。

① クリック
② クリック

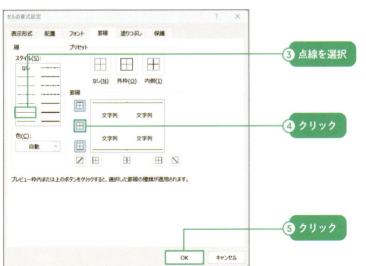

③ 点線を選択
④ クリック
⑤ クリック

	A	B	C	D	E
1	(千円)		2022年	2023年	2024年
2	売上高		21,604	22,592	27,457
3		売上原価	7,386	8,005	9,804
4	売上総利益		14,218	14,587	17,653
5		販売管理費	11,470	13,217	16,563
6	営業利益		2,748	1,370	1,090
7					

罫線が引かれた

左ページを参考に、余分な罫線を消しておく。

025 条件に当てはまるセルだけに書式を設定する

条件付き書式で特定のデータを強調しよう

必修

File：Lesson2_025.xlsx

SUMMARY 90%より小さい値に色を付けたい

手作業でやると見落とすリスクあり！

	A	B	C	D	E	F	G	H	I	J	K
1	月	渋谷店	原宿店	中目黒店	自由が丘店	銀座店	恵比寿店	代官山店	上野店	西新宿店	お台場店
2	1月	110%	105%	92%	118%	80%	93%	120%	93%	90%	98%
3	2月	95%	100%	112%	120%	106%	114%	98%	84%	102%	115%
4	3月	117%	92%	100%	115%	83%	118%	119%	96%	99%	90%
5	4月	120%	108%	95%	93%	95%	112%	114%	113%	94%	92%
6	5月	100%	115%	120%	110%	116%	91%	88%	106%	109%	93%
7	6月	93%	120%	117%	105%	97%	104%	110%	93%	95%	94%
8	7月	115%	92%	105%	118%	110%	102%	91%	84%	115%	116%
9	8月	118%	100%	95%	110%	86%	87%	110%	108%	99%	104%
10	9月	105%	118%	110%	82%	120%	101%	87%	119%	84%	114%
11	10月	92%	112%	118%	100%	99%	89%	99%	106%	101%	119%
12	11月	110%	120%	93%	105%	113%	105%	81%	115%	113%	100%
13	12月	112%	95%	100%	117%	105%	91%	104%	94%	104%	95%

視覚的に、90%未満の店舗と時期がわかる

どのようなルールを設定するかが重要！

条件付き書式とは、特定の条件を満たしたセルに自動的に書式を変更する機能です。これを用いることで、データの中から特定のパターンや傾向を瞬時に視覚的に理解することができます。たとえば、売上データの中で目標を超えた数値を色付けしたり、在庫数が一定以下になった場合に注意を促す色を付けたりすることが可能です。

条件付き書式は、[ホーム]タブの[条件付き書式]ボタンから設定できます。あらかじめ用意されているルールを使用することもできますし、自分でルールをつくることも可能です。自分でルールをつくる方法は74ページで紹介します。目的に合わせて条件を設定して使用しましょう。

POINT

- ▶ データを強調したいときに使おう
- ▶ 一目で重要なデータがわかる
- ▶ ［ホーム］タブの［条件付き書式］ボタンから設定できる

条件付き書式を設定する

✓ 知っておくと便利！

いろんなルールが設定できる

［条件付き書式］ボタンをクリックすると、いろんなルールを設定できます。上位や下位の値を強調したいときは［上位／下位ルール］からルールを選択しましょう。

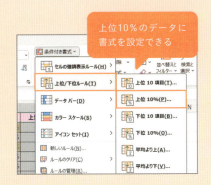

026 条件付き書式の活用方法①
データのボリューム感がひと目でわかる

選択

📄 File: Lesson2_026.xlsx

SUMMARY データの比較や分析を視覚的に表現

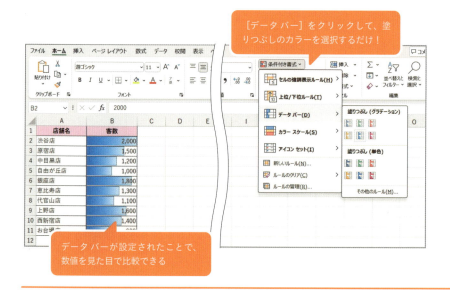

[データ バー]をクリックして、塗りつぶしのカラーを選択するだけ！

データ バーが設定されたことで、数値を見た目で比較できる

データに視覚効果を適用できる条件付き書式

　ここでは[ホーム]タブの[条件付き書式]ボタンにある**「データバー」「カラースケール」「アイコンセット」**でどんなことを表現できるか紹介します。

　これらのツールは、**データ量が多いときに役立ちます。一瞬でそのデータの特徴を掴める**ようになるため、データ分析やプレゼンテーションを強化できるでしょう。

　また、条件付き書式は、1つのセルに対して複数のルールを設定できます。間違った書式を設定した場合は、セルを選択して[条件付き書式]ボタン→[ルールのクリア]→[選択したセルからルールをクリア]をクリックしましょう。

POINT

▶ データバーは、数値の大きさを比較
▶ カラースケールは、数値の大小でセルの色を変化させる
▶ アイコンセットは、アイコンでデータの傾向を表現

LESSON 2 | 条件付き書式

CASE_1

データバー

店舗名	客数
渋谷店	2,000
原宿店	1,500
中目黒店	1,200
自由が丘店	1,000
銀座店	1,800
恵比寿店	1,300
代官山店	1,100
上野店	1,600

データバーは、セル内の数値の大きさを視覚的に比較するための条件付き書式。
バーの長さが数値の大きさを表し、データの範囲内で相対的な比較が容易になる。

CASE_2

カラースケール

店舗名	客数
渋谷店	2,000
原宿店	1,500
中目黒店	1,200
自由が丘店	1,000
銀座店	1,800
恵比寿店	1,300
代官山店	1,100
上野店	1,600

カラースケールは、数値の大小に応じてセルの色を変化させる機能。最小値は1色、最大値は別の色で表示され、中間の値はグラデーションで示される。これにより、データの分布が一目で把握できる。

CASE_3

アイコンセット

店舗名		客数
渋谷店	↑	2,000
原宿店	→	1,500
中目黒店	↓	1,200
自由が丘店	↓	1,000
銀座店	↑	1,800
恵比寿店	→	1,300
代官山店	↓	1,100
上野店	→	1,600

アイコンセットは、数値の傾向や状態をアイコンで表現することで、データの解釈を直感的に行うことができる。
たとえば、上昇傾向、安定、下降傾向など、データの動きを視覚的に捉えるのに役立つ。

027 選択

条件付き書式の活用方法②
新しいルールを設定して特定のセルや行を強調する

📄 File：Lesson2_027.xlsx

SUMMARY　条件付き書式をカスタマイズしよう

	A	B	C	D	
1	タスク名	担当者	締め切り日	曜日	
2	テーマの決定	田中	2024/7/31	水	完了
3	会場の選定	佐々木	2024/8/9	金	完了
4	当日スケジュールの作成	佐々木	2024/8/10	土	完了
5	参加者リストの選定	佐々木	2024/8/17	土	未着手
6	招待状の作成・送付	鈴木	2024/8/22	木	完了
7	チラシ作成	鈴木	2024/8/31	土	進行中
8	WEBサイト作成	鈴木	2024/8/31	土	進行中
9	プロモーション	鈴木	2024/9/8	日	進行中
10	花の準備	山根	2024/9/12	木	未着手
11	資材の準備	山根	2024/9/12	木	未着手
12	軽食の手配	山根	2024/9/13	金	未着手
13	フラワーデコレーション	大橋	2024/9/15	日	未着手
14					

> 完了したタスクの行をグレーにしたい

> 土日を目立たせたい

土日や完了ステータスを、自分のルールでハイライト

　条件付き書式では、標準のオプションに加え、**独自のルールを作成して複雑な条件や特定のビジネスロジックに合わせた視覚化が可能**です。ここでは「土日を含むセル」や「完了を含む行」を強調する方法を紹介します。たとえば、土か日のセルを塗りつぶすには、OR関数（124ページ）を使い「=OR(D2="土",D2="日")」と数式を設定します。

　初心者の方はもちろん、Excelに慣れている方でも数式をいちから作成するのは難しいものです。そこで、業務でよく使うルールをサンプルファイルにまとめました。ぜひ参考にしてください。

CASE_1

特定のセルを塗りつぶす

❶ セルD2〜D13を選択
❷ [ホーム] → [条件付き書式] → [新しいルール] をクリック。
▽

❸ [数式を使用して、書式設定するセルを決定] を選択。
❹ 「=OR(D2="土",D2="日")」と入力。
❺ [書式] をクリックして [塗りつぶし] タブから背景色をピンクに設定。
❻ [OK] をクリックしたら、左ページのように土日のセルに色が付いた。

CASE_2

特定の行を塗りつぶす

❶ セルA2〜E13を選択して、[新しい書式ルール] 画面を表示しておく。
▽

❷ [数式を使用して、書式設定するセルを決定] を選択。
❸ 「=$E2="完了"」と入力。
❹ [書式] をクリックして背景色をグレーに設定。
❺ [OK] をクリックしたら、完了タスクの行がグレーに塗りつぶされた。

☑ 知っておくと便利!

ルールの優先順位を変更する

複数のルールを設定する場合、優先順位を変更できます。[条件付き書式] ボタンの一覧から [ルールの管理] をクリックします。優先順位を上げたいルールを選択して（[^]）をクリックしましょう。

クリック

028 基礎

集計や抽出がしやすい形式がキモ
データを思い通りに扱うための3つのルール

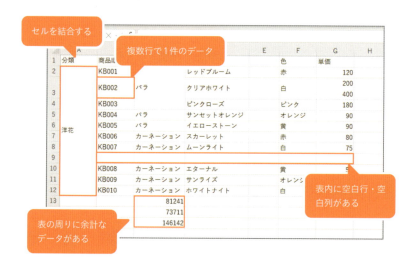

NG ✖ こんな表を作ってはいませんか？

- セルを結合する
- 複数行で1件のデータ
- 表内に空白行・空白列がある
- 表の周りに余計なデータがある

見やすい表を作成する前に、そもそもの形式が大切

　ここからはフィルター機能や並べ替え、テーブルなどのテクニックを紹介します。しかし、それに先立ち、データベースとして使える表を作成することが重要です。
　データベースとは構造化された情報のことであり、データ集計や抽出に便利です。たとえば、上図のような表を作成すると、フィルターや並べ替え、ピボットテーブル（174ページ）などの機能がうまくいきません。よかれと思って、セルを結合してしまう人もいますが、これもデータベースとして成り立たなくなるので注意してください。右ページのルールを意識して、表作成やこれ以降のレッスンを進めていきましょう。

POINT

▶ データベースの構造を理解しよう

▶ データベース形式でないと、使えない機能がある

▶ データベース形式では、1つのデータは1行に格納する

○ データベース形式でつくろう　GOOD

◆Rule_1
1行目には列見出しを設定

◆Rule_2
データは1行に1件

◆Rule_3
表内に空白行・空白列、結合セルを入れない

Rule_1　1行目には列見出しを設定

1行目に列見出しを設定します。これにより、各列がどのデータを表しているかが明確になります。たとえば、顧客情報の列見出しは「顧客ID」「顧客名」「登録日」などです。

Rule_2　データは1行に1件

データベース内の各データが1行に対応することを意味し、この**1行を「レコード」と呼びます**。たとえば、商品一覧の表では、各商品情報(商品ID、商品名、単価など)が1行にまとめられます。

Rule_3　表内に空白行・空白列、結合セルを入れない

セル結合はせず、データの途中に空白の行や列を作らないようにしましょう。Excelの機能が正しく動作しないことがあります。

029 必修

必要なデータだけを見たい！
フィルター機能を使ってデータを抽出してみよう

☐ File：Lesson2_029.xlsx

BEFORE

「リピーター」かつ「原宿店」または「渋谷店」を抽出したい

	A	B	C	D
1	顧客名	年代	顧客タイプ	購入店舗
2	山田太郎	20代	新規	渋谷店
3	佐藤花子	30代	リピーター	中目黒店
4	鈴木一郎	40代	新規	自由が丘店
5	田中美咲	50代	新規	銀座店
		60代	新規	
47	田島美佳		新規	代官山店
48	山崎一郎	30代	リピーター	上野店
49	川端裕子	40代	リピーター	西新宿店
50	佐野一彦	50代	新規	お台場店
51	田村美紀	60代	リピーター	原宿店
52				

AFTER

フィルター機能を使って特定の情報を抽出できた

	A	B	C	D
1	顧客名	年代	顧客タイプ	購入店舗
11	木村さやか	60代	リピーター	原宿店
21	松本美紀	60代	リピーター	原宿店
31	佐野美紀	60代	リ	
32	石川一美	20代	リ	
41	田中美紀	60代	リピーター	原宿店
42	井上一美	20代	リピーター	渋谷店
51	田村美紀	60代	リピーター	原宿店
52				
53				

フィルターボタン

「リピータ」かつ「原宿店」「渋谷店」のリストに絞った

フィルター機能を使えば必要な情報だけを表示できる

　フィルター機能は、**データから特定の情報を抽出するための機能**です。列の見出しに**フィルターボタン**（▼）**を適用**することで、データを絞り込むことができます。フィルターボタンは、表内のセルを選択してから、［ホーム］タブ→［並べ替えとフィルター］→［フィルター］をクリックして設定できます。Ctrl＋Shift＋Lキーでも表示され、解除も同じキーで行えます。なお、フィルターが設定されているとアイコン（▼）も変わります。

　フィルター機能をマスターすることで、欲しい情報を的確に取得できるようになり、データの傾向を掴むことにも役立ちます。

POINT

▶ 見出しにフィルターボタンを表示する

▶ フィルター機能のショートカットキーは Ctrl + Shift + L キー

▶ 同じ表の中で列ごとに条件を絞ることが可能

列ごとに必要なデータを抽出する

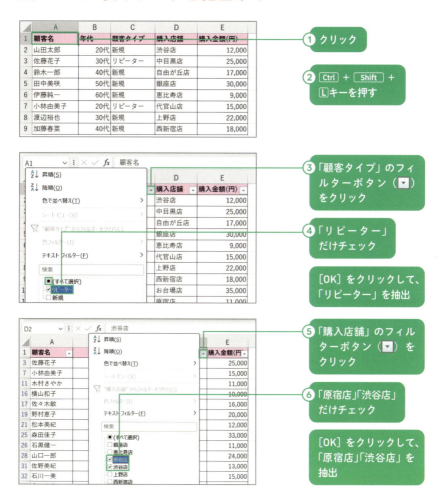

030 データを並べ替えて情報整理

昇順・降順に並べ替えたい！

必修 　File：Lesson2_030.xlsx

BEFORE

売上の大きい順に並べ替えたい

	A	B	C
1	支店コード	支店名	販売金額
2	T001	代官山店	4,618,900
3	T002	原宿店	9,686,700
4	T003	お台場店	4,491,000
5	T004	上野店	7,291,200
6	T005	銀座店	8,616,600
7	T006	恵比寿店	2,770,300
8	T007	自由が丘店	3,113,000
9	T008	渋谷店	9,561,500
10	T009	西新宿店	6,055,000

どの店舗が好調なのかよくわからない……

AFTER

降順に並べ替えられた

	A	B	C
1	支店コード	支店名	販売金額
2	T002	原宿店	9,686,700
3	T008	渋谷店	9,561,500
4	T005	銀座店	8,616,600
5	T004	上野店	7,291,200
6	T009	西新宿店	6,055,000
7	T001	代官山店	4,618,900
8	T003	お台場店	4,491,000
9	T007	自由が丘店	3,113,000
10	T006	恵比寿店	2,770,300

売上の高い店舗と低い店舗がすぐに把握できる

情報を理解・整理するための強力な「並べ替え」

　並べ替え機能を使えば、**データを特定の基準に基づいて並べ替えられます**。たとえば、売上リストを売上順に表示したり、名簿を名前順に並べたりすることで、情報をより理解しやすくなるでしょう。

　並べ替えたい列のセルを選択して、［ホーム］タブ→［並べ替えとフィルター］をクリックし、［昇順］または［降順］を選択します。**［昇順］は小さい順（あいうえお順・アルファベット順）**で、**［降順］は大きい順**となります。

　また、元の並び順に戻せるように、上図のA列のように**データに通し番号を付けておくとよい**でしょう。

POINT

▶ [ホーム] タブの [並べ替えとフィルター] をクリック

▶ 昇順は小さい順、降順は大きい順

▶ 通し番号を付けておくと、元に戻せる

販売金額が大きい順に並べ変える

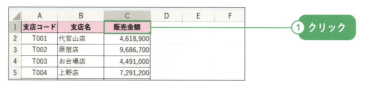

① クリック

② [ホーム] タブのここをクリック

③ クリック

販売金額は降順に並べ替えられた

※ボタンの表示はディスプレイ幅によって異なります。[並べ替えとフィルター] ボタンが見当たらない場合はタイトルバーにある検索ボックスから探してみましょう。

元の並びに戻したいときは Ctrl + Z キーを押すか、A列を昇順で並べ替える。

◎知っておくと便利！

フィルターボタンから並べ替えるには

フィルター機能を使っている場合、フィルターボタン（▼）からも並べ替えを実行できます。セルに色がある場合は、[色で並べ替え] をクリックして、指定の色順で並べ替えることも可能です。

フィルターボタンからも並べ替えできる

031 選択

ユーザー設定の並べ替えとは？

独自の順序で並べ替えよう

File：Lesson2_031.xlsx

BEFORE
北から順にエリアを並べ替えたい

	A	B
1	氏名	出身エリア
2	佐藤 明	九州・沖縄
3	鈴木 一郎	中部
4	髙橋 美香	四国
5	田中 恵	関東
6	伊藤 太郎	北海道
7	山本 由美子	近畿
8	中村 雄二	東北
〜	〜	〜
19	清水 健	九州・沖縄
20	山崎 由美	四国
21	田村 哲也	北海道
22		

AFTER
指定した順番で並べ替える

	A	B
1	氏名	出身エリア
2	伊藤 太郎	北海道
3	渡辺 隆	北海道
4	田村 哲也	北海道
5	中村 雄二	東北
6	石川 駿	東北
7	田中 恵	関東
8	山田 知子	関東
〜	〜	〜
19	佐藤 明	九州・沖縄
20	木下 和也	九州・沖縄
21	清水 健	九州・沖縄
22		

昇順や降順ではなく、並べ替えたいときに便利！

　ユーザー設定の並べ替えは、**昇順や降順ではなく、独自のルールや自分の好みに基づいて並べ替えできる機能**です。あらかじめ作成した特定の順番でデータを整列させることが可能になります。今回は、ランダムに並んでいるエリアを北海道から九州・沖縄、**北から南の順に並べ替え**ていきます。

　まずは［ユーザー設定リスト］画面を開いて、独自のリストを作成しましょう。実際の入力と文字列が異ならないように注意しましょう。または画面左にある一覧からリストを選んでもよいでしょう。一度作ったリストはExcelに保存されますので、他のファイルでも利用が可能です。

自分で決めた設定でデータを並べ替える

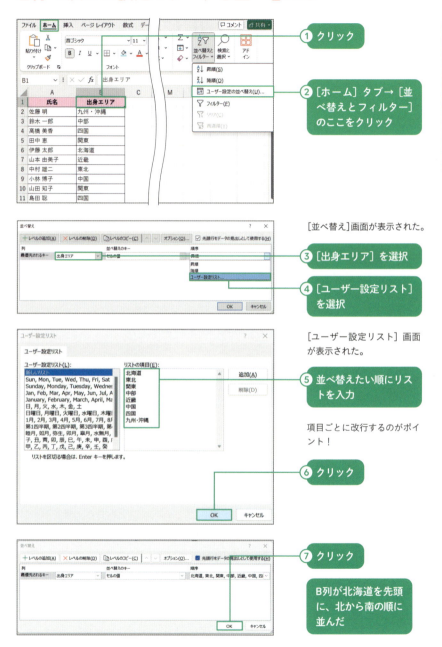

032 テーブルとは？
表をテーブルに変換してみよう

選択

File：Lesson2_032.xlsx

SUMMARY テーブルに変換するとできること

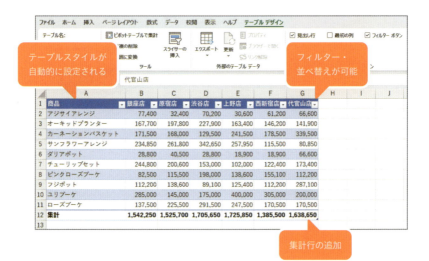

テーブルスタイルが自動的に設定される

フィルター・並べ替えが可能

集計行の追加

テーブルでデータ管理をスマートに一新！

　テーブル機能は、**データ管理と分析を効率化する便利なツール**です。表をテーブルに変換すると、フィルターやテーブルスタイルが自動的に追加されます。また、新しい行や列を追加すると、テーブル全体の範囲が自動で拡張されます。さらに、テーブルの下に集計行を追加することで、合計、平均、カウントなどの計算を1クリックで行えます。

　表をテーブルに変換するには、［挿入］タブから［テーブル］ボタンをクリックするか、Ctrl+Tキーを押します。［テーブル デザイン］タブでは、集計行の追加やテーブルスタイルの変更など、さまざまな設定が可能です。

POINT

- ▶ Ctrl + T キーを押してテーブルに変換
- ▶ 自動的にスタイルが適用される
- ▶ フィルターや並べ替えが1クリックで可能

表をデータ管理に便利なテーブルに変換！

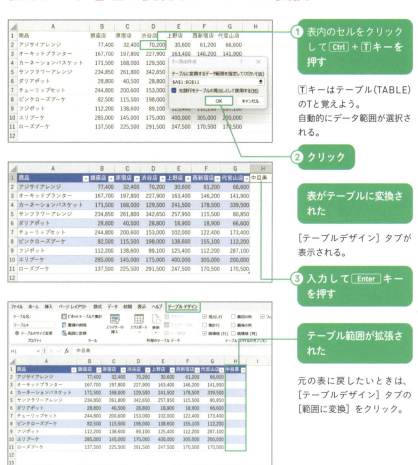

① 表内のセルをクリックして Ctrl + T キーを押す

T キーはテーブル（TABLE）のTと覚えよう。
自動的にデータ範囲が選択される。

② クリック

表がテーブルに変換された

[テーブルデザイン] タブが表示される。

③ 入力して Enter キーを押す

テーブル範囲が拡張された

元の表に戻したいときは、[テーブルデザイン] タブの [範囲に変換] をクリック。

COLUMN

いちから作らず
テンプレートを使ってもOK！

プロフェッショナルな資料作成が簡単に

　Excelで資料を作成しようとするとき、いちからレイアウトを作ろうとすると非常に時間と労力がかかります。そこで便利なのが「**テンプレート**」です。テンプレートを使うことで、デザインやフォーマットの作成に時間をかける時間が軽減され、データ入力に専念することができます。

　Excelには、見積書やカレンダー、ガントチャート（工程表）などあらかじめ数多くのテンプレートが用意されています。**［ファイル］タブ→［新規］から目的にあったテンプレートを探せる**ので、用途に合わせてテンプレートを活用しましょう。

　また、Excelに内蔵されているテンプレートだけでなく、**オンラインでテンプレートを検索してダウンロードすることも可能**です。

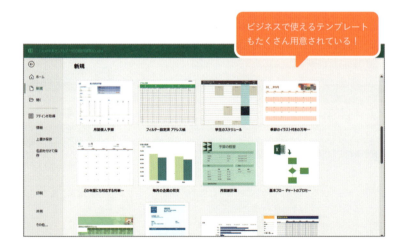

ビジネスで使えるテンプレートもたくさん用意されている！

LESSON 3

初心者がまず覚えるべき関数と参照方式

四則演算と関数の違い
Excelを使って計算できること

基礎

File : Lesson3_033.xlsx

CASE_1　四則演算で合計を求める

セルB5に四則演算の数式を入力

足す数が増えれば増えるほど、数式が長くなる

表計算ソフトを使いこなそう!

　表計算ソフトであるExcelを使う最大のメリットは、計算が簡単にできることです!基本的な四則演算から、関数を使った複雑な計算まで幅広く対応できます。

　CASE1は、足し算を使って合計を求める例です。CASE2は、関数を使って合計を求める例です。数式は異なりますが、どちらも同じ結果を得られます。**四則演算で計算する場合、データの数が増えると手間**がかかりますが、**関数を使えば1000行の合計でも手間は変わりません。**

　さらに、関数を使うことで「セルの個数を数える」「特定の条件に応じて値を表示する」など、四則演算ではできない計算も可能になります。

POINT

▶ 基本的な四則演算はもちろん、関数を使った計算も可能

▶ 関数を使うことで、大量のデータでも効率的に計算できる

▶ 数式は必ず「=」で始まる

関数で合計を求める

CASE_2

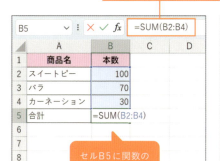

セルB5に関数の数式を入力

足す数が増えても、数式の長さは変わらない

数式の書き方は、どんな数式でも必ず「=」(イコール)から入力を始めます。「これから計算しますよ」とExcelに教える合図となります。

（例1） =B2＋B3＋B4

（例2） =SUM(B2:B4)

034 四則演算で計算してみよう

演算子の種類を覚える

基礎

File : Lesson3_034.xlsx

BEFORE
四則演算の計算式

数式はすべて半角で入力する

AFTER
計算結果

セルA1とセルA2を四則演算できた

算数とは少し異なるExcelの四則演算

　四則演算とは、足し算・引き算・掛け算・割り算を意味します。たとえば、「=9+3」のように数値を計算したり、「=A1+B1」のようにセルを参照して計算したり、「=9+B1」のように数値とセルを混ぜて計算したりすることもできます。また、「=100+SUM(A1:B1)」のように関数と組み合わせることも可能です。

　四則演算をするためには、演算子と呼ばれる記号を用いて数式（計算式）を作ります。足し算は「+」、引き算は「-」、掛け算は「*」（アスタリスク）、割り算は「/」となります。掛け算と割り算は、算数と違って「×」「÷」ではないので注意しましょう。

POINT

▶ 四則演算とは足し算・引き算・掛け算・割り算などの計算
▶ 演算子と呼ばれる記号を用いて数式をつくる
▶ 掛け算は「*」、割り算は「/」の演算子を使う

四則演算の種類と演算子

四則演算	演算子	数式の例
足し算	+	=9+3 =A1+B1
引き算	-	=9-3 =A1-B1
掛け算	*	=9*3 =A1*B1
割り算	/	=9/3 =A1/B1

数式もコピーできる

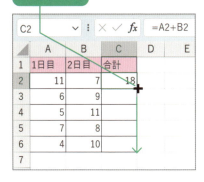

035 四則演算を使って構成比を計算してみよう

セル参照を理解する①

必修

File: Lesson3_035.xlsx

SUMMARY 割り算を使って構成比を求めるには

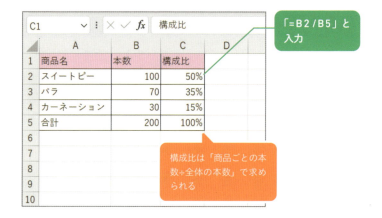

「=B2/B5」と入力

構成比は「商品ごとの本数÷全体の本数」で求められる

エラーを防ぐ！正しい数式で構成比を計算する

　四則演算を理解したら、実際に計算してみましょう。ここでは、合計本数から各商品の構成比を求める方法を紹介します。

　複数のセルに計算が必要な場合、1つずつ数式を入力するのは非常に手間がかかります。まず、**先頭のセルに数式を入力し、それをコピーして他のセルにも同じ数式を適用する方法を活用**しましょう。

　このときの注意点として、最初に入力する数式を正しく作成することが重要です。正しくない数式をコピーすると、エラーが表示され、正確な結果を得られないことがあるためです。特に、**セルの参照方式が適切に設定されているかを確認**しながら数式を作成することが大切です。

✘ 式は正しいはずなのにエラー？

NG

① 「=B2/B5」と入力

② Enter キーを押す

③ ％スタイルを設定

「0.5」と表示された

60ページを参考に表示形式を設定。
ショートカットキーの場合は Ctrl + Shift + 5 キーを押す。

④ 下へドラッグして、コピー

エラーが表示された

セルC3〜C5のエラーの原因を探してみよう。

数式を確認してエラーの原因を探る

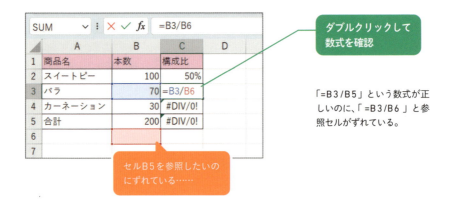

ダブルクリックして数式を確認

「=B3/B5」という数式が正しいのに、「=B3/B6」と参照セルがずれている。

セルB5を参照したいのにずれている……

原因はセルの参照方式にあり！

　数式を確認すると、参照元のセルがずれていることに気が付きました。
　数式にセルを参照させることを「セル参照」といいます。セル参照には種類があり、上の図のように「=B2/ B5」「=B3/ B6」「=B4/ B7」とコピー先に応じて参照するセルが変わることを「相対参照」と言います。また、コピーしても「=B2/ B5」「=B3/ B5」「=B4/ B5」と参照するセルを固定することを「絶対参照」と言います。
　今回は「絶対参照」を使います。構成比を求めるときは、分母にあるセルB5を絶対参照に切り替えるとエラーが出なくなります。

GOOD ○ セルB5を「絶対参照」に切り替える

① 数式の「B5」にカーソルを合わせる

② F4 キーを押す

「$B$5」と表示された

F4キーを押すと、セル参照方式が切り替わる。「$B$5」とそのまま入力してもOK！

列（B）と行（5）の前に「$」が付いた状態が「絶対参照」

③ 下へドラッグして、コピー

構成比が求められた

④ ダブルクリックして数式を確認

数式を下にコピーしても、セルB5が固定されていることが確認できた。

LESSON 3 セル参照

エラーの原因を理解できたでしょうか？ 次のページでは、もう少し詳しく「相対参照」「絶対参照」について解説していきます。

F4キーのショートカットキーについては99ページのコラムで詳細を紹介しています。

036 イメージを掴んで絶対参照を自分のものにする

セル参照を理解する②

必修

File：Lesson3_036.xlsx

CASE_1 相対参照「=A1」をコピーする

「=A1」を縦方向にコピー

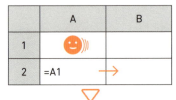

「=A1」を横方向にコピー

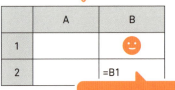

コピー先に応じて、参照元のセルが変わる

相対参照と絶対参照の違いを理解しよう！

　数式が入ったセルを「自分」、参照するセルを「相手」と考えてみましょう。相対参照の場合、**「自分が動けば、動いた分だけ相手も動く」**という仕組みです。つまり、数式をコピーすると、参照先もコピー先に応じて変わります。このように、**参照先が相対的に変わるため「相対参照」**と呼ばれます。

　一方、絶対参照はその逆で、**「自分がどれだけ動いても相手は固定の場所にいる」**という仕組みです。参照先を固定したい場合は、**セル参照の前に「$」を付けて絶対参照**にします。セル参照は初心者の方が最初につまずきやすいポイントですが、順を追って理解していきましょう。

POINT

- ▶ 相対参照は、コピー先に応じて参照元が変化する
- ▶ 絶対参照は、どの方向にコピーしても参照元が固定
- ▶ 固定したい場合は「$」を付けて固定する

絶対参照「=$A$1」をコピー　CASE_2

「=$A$1」を縦方向にコピー

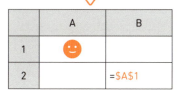

「=$A$1」を横方向にコピー

> どの方向にコピーしても参照元はセルA1

「列のみ固定」「行のみ固定」もできる！

　絶対参照は行と列を固定しましたが、**列または行のどちらかを固定する**方法もあります。
　行のみ固定「 =A**$1**」
　列のみ固定「=**$A**1」

> 固定するほうだけに「$」を付ける

　この参照方式を**「複合参照」**と呼びます。次のページでは、「=A$1」「=$A1」をコピーしたとき、参照元がどうなるのか確認してみましょう。

CASE_3　行のみ固定「=A$1」をコピー

「=A$1」を縦方向にコピー

どの方向にコピーしても
1行目だけ固定されている

「=A$1」を横方向にコピー

CASE_4　列のみ固定「=$A1」をコピー

「=$A1」を縦方向にコピー

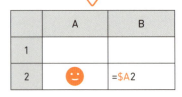

「=$A1」を横方向にコピー

どの方向にコピーしても
A列だけ固定されている

COLUMN

F4 キーを使って絶対参照に切り替える

「=A1」を絶対参照にする際に「=$A$1」と入力するのは手間がかかりますが、ご安心ください。Excelには参照方式を切り替えるショートカットキーがあります。

94ページでも紹介しましたが、**数式の入力中に、絶対参照にしたいセル参照へカーソルを移動して、**F4**キーを押す**だけです。また、F4キーを押す回数によって、参照方式が切り替わります。F4キーを1回押すと「**=$A$1**」、2回押すと「**=A$1**」、3回押すと「**=$A1**」、4回押すと元の「=A1」に戻ります。

このショートカットキーを使うことで、作業効率が大幅に向上します。ぜひ、数式を入力する際に使ってみてください。

F4 キーを押して参照方式を切り替えよう

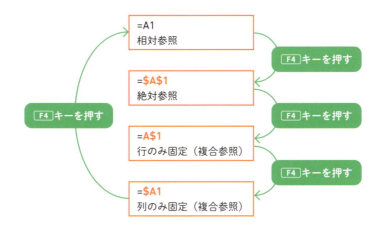

037 計算する前に関数の構造を見てみよう

関数のキホン

基礎

SUMMARY 必要な値を関数に入れ、結果を返す

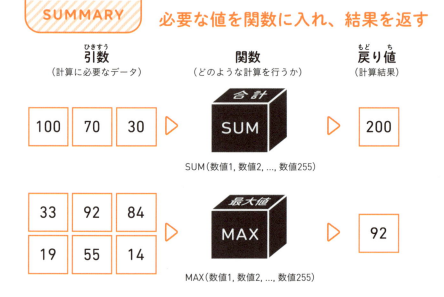

関数の「引数」と「戻り値」を理解しよう

　関数とは、あらかじめ決められた計算式に従って計算してくれるブラックボックスのようなもので、計算結果を瞬時に求められます。また、**計算に必要なデータを「引数」、計算結果を「戻り値」**と呼びます。

　関数は「=」から書き始め、関数名を入力し、「()」の中に引数を記述します。たとえば、合計を求めるには、「=SUM(数値1, 数値2, …, 数値255)」という数式が用意されています。「=SUM(100,70,30)」と入力すれば、3つの数字を合計した戻り値（計算結果）が「200」と表示されます。関数初心者の方は、まずは関数の構造を理解しましょう。

POINT

▶ 関数とは、特定の計算や処理を行うための計算機能のこと
▶ 引数とは、計算に必要なデータのこと
▶ 戻り値とは、計算結果のこと

関数の構造

数式は「=」から始める

=関数名 (引数 1, 引数 2, ...)

使用する関数の名前 　　　関数に渡すデータや条件。引数はカンマで区切る

▶ たとえばSUM関数の場合

=SUM(数値1, 数値2, ..., 数値255)

※引数を 255 個まで指定できるが、1 つだけでも OK！

=SUM(B2:B4)
　関数名　　引数 1

引数1はSUM関数の「数値1」を示しています。「B2:B4」は「B2からB4まで」の範囲を意味します。この数式では、B2、B3、B4の3つのセルの値を合計しますが、範囲を指定することで、個別にセルを指定する手間を省くことができます。

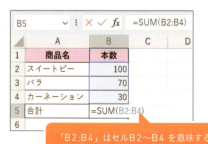

いちばんよく使う関数！
SUM関数で合計を求める

必修

File：Lesson3_038.xlsx

CASE_1
関数で合計

B
販売金額
9,686,700
9,561,500
8,616,600

セルB2～B4の合計を求めたい

CASE_2
オートSUMで合計

B	C	D
上期	下期	販売金額
4,951,000	4,735,700	
4,396,300	5,165,200	
4,072,900	4,543,700	

行列の合計を求めたい

SUM関数またはオートSUMを使ってみよう

　SUM関数のSUMは「総和」を意味し、指定したセルまたはセル範囲を合計する関数です。数式は「SUM（数値1, 数値2, …, 数値255）」であり、引数にはセルまたはセル範囲を指定するほか、数値を直接入力することもできます。引数は「,」で区切ることで、最大255個まで指定できます。

　合計の計算は使用頻度も高いので**「オートSUM」機能**も覚えておきましょう。[数式]タブ→[オートSUM]→[合計]をクリックするだけです。ショートカットキーを使う方法もあり、Alt + Shift + = キーを押すだけで、自動的に合計を計算してくれます。慣れてきたらショートカットキーを使ってみましょう。

CASE_1 関数を入力して求める

① 「=SUM(B2:B4)」と入力

② Enter キーを押す

合計が求められた

CASE_2 ショートカットキーで一気に求める

① 選択

② Alt + Shift + = キーを押す

一気に合計が求められた

オートSUM機能で、計算対象のセル範囲を自動認識して、SUM関数が入力された。

039 AVERAGE関数で平均値を求める

足し算と割り算は不要！

必修

File：Lesson3_039.xlsx

SUMMARY　購入金額の平均値を求めよう

分析に役立つAVERAGE関数

　AVERAGE関数は、指定したセル（またはセル範囲）の平均値を求める関数で、ビジネスシーンでも頻繁に使用されます。平均値は「数値の合計÷個数」で手動計算できますが、AVERAGE関数を使えば、合計値の算出や個数のカウントの手間を省けます。この関数は、空白セルや文字列を無視して平均を計算しますが、空白セルも計算に含めたい場合は、該当セルに「0」を入力してください。

　また、数式を手動で入力するのが面倒な場合は、［数式］タブ→［オートSUM］ボタン→［平均］をクリックするだけで、自動的に平均値を計算できます。

▶ 数値の平均値を求める

AVERAGE [アベレージ]

AVERAGE(数値1, 数値2, …, 数値255)

LESSON 3 ｜ 入門関数

■ 数式の入力例

=AVERAGE(B2:B4)

数値1 → 平均を求めるセル範囲 → セルB2～B4

① 数式を入力

平均値が求められた

四則演算で求める場合は、「=(B2＋B3＋B4)/3」という数式になる。

⊘ 知っておくと便利！

中央値を求めたい

平均値はデータの総和をデータ数で割った値で、中央値はデータを小さい順に並べたときの中央の値です。
中央値を求めたいときは、MEDIAN関数を使いましょう。

「=MEDIAN(B2:B4)」と入力

040 必修

一発で探せる！
MAX関数とMIN関数で最大値・最小値を求める

File：Lesson3_040.xlsx

SUMMARY 最大客数と最小客数を求めよう

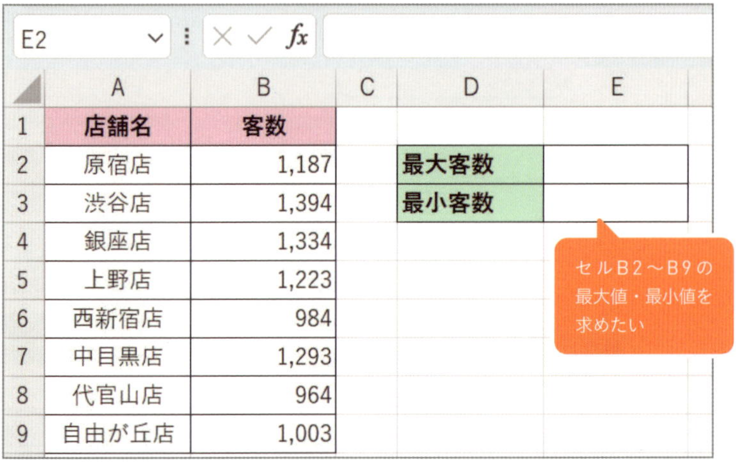

	A	B	C	D	E
1	店舗名	客数			
2	原宿店	1,187		最大客数	
3	渋谷店	1,394		最小客数	
4	銀座店	1,334			
5	上野店	1,223			
6	西新宿店	984			
7	中目黒店	1,293			
8	代官山店	964			
9	自由が丘店	1,003			

セルB2～B9の最大値・最小値を求めたい

MAX関数とMIN関数でデータの特徴を掴む

　MAX関数は最大値、MIN関数は最小値を求める関数です。MAXIMUM（マキシマム）とMINIMUM（ミニマム）の先頭3文字を抜き出したものですから、意味もすぐに覚えることができますね。

　上の図のように、似たような数字が並んでいるときに、目視で最大値と最小値を見つけるのは大変ですしミスの元です。関数を使って正確に求めてみましょう。

　そして、**実は最大値と最小値は、画面右下にあるステータスバーからも確認できま**す。ステータスバーから確認する方法は、116ページのコラムで紹介しています。簡単な確認作業であれば、ステータスバーを利用するほうが作業効率が向上しますね。

▶ 数値の最大値を求める

MAX ［マックス］

MAX（数値1, 数値2, …, 数値255）

▶ 数値の最大値を求める

MIN ［ミニマム］

MIN（数値1, 数値2, …, 数値255）

数式の入力例

=MAX(B2:B9)　　　=MIN(B2:B9)

数値1 → 最大値を調べる範囲 → セルB2〜B9

数値1 → 最小値を調べる範囲 → セルB2〜B9

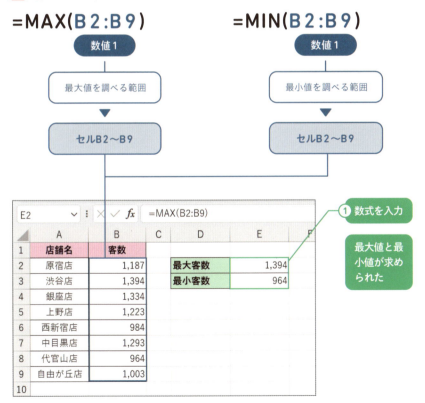

① 数式を入力

最大値と最小値が求められた

LESSON 3　入門関数

041 COUNT関数でセルの数を数える

データがいくつあるか調べたい！

必修

File：Lesson3_041.xlsx

SUMMARY 個数を数える関数を使いこなそう

セルの数を集計する3つの関数

　このレッスンでは、セルの個数を数えてくれるCOUNT関数、COUNTA関数、COUNTBLANK関数の3つの関数を紹介します。
　COUNT関数は、数値（日付、時刻も含む）が入力されているセルの個数を数える関数です。空白セルや文字列が含まれるセルは除外されます。
　COUNTA関数は、データが入力されているセルの個数を数える関数です。数値だけでなく、文字列も含めて、データが含まれているすべてのセルをカウントします。
　COUNTBLANK関数は、空白セルの個数を数えるための関数です。未入力のセルを数えたいときに有効です。実際に在庫数を例に、これら3つの関数を使ってみましょう。

数値や日付、時刻の個数を求める

COUNT［カウント］

COUNT (値1, 値2, …, 値255)

数式の入力例

=COUNT(B2:B8)

値1 → 数える範囲 → セルB2〜B8

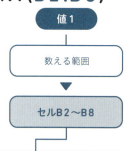

① 数式を入力

数値があるセルをカウントすることで在庫がある商品の個数が求められた

数値のあるセルだけカウントされて、空白のセルは含まれていない。

数値が入っているセルだけ数えられます。仮に、選択範囲を「セルA2〜A8」にすると、文字列のセルはカウントしないので、戻り値は「0」になります。次のページでは、データの数を数えるCOUNTA関数を紹介します。

▶ データの個数を求める

COUNTA [カウントエー]

COUNTA (値1, 値2, …, 値255)

▶ 数式の入力例

=COUNTA(A2:A8)

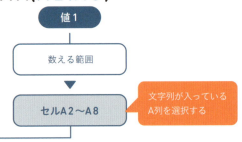

値1 → 数える範囲 → セルA2〜A8

文字列が入っている A列を選択する

① 数式を入力

データの数をカウントすることで、取り扱い商品数が求められた

だんだんと関数の入力には慣れてきたでしょうか？135ページのコラムでは、条件に一致するデータを数えるCOUNTIFS関数についても紹介しています！そちらもぜひ参考にしてみてください。

▶ 空白セルの個数を求める

COUNTBLANK [カウントブランク]

COUNTBLANK（範囲）

■ 数式の入力例

=COUNTBLANK(B2:B8)

範囲 → 数える範囲 → セルB2〜B8

COUNT・COUNTA関数とは違って、引数は1つだけしか指定できないので、必ず範囲を指定する

① 数式を入力

空白のセルをカウントすることで、在庫なしの商品数が求められた

	A	B	C	D	E
1	商品名	在庫数			
2	ローズ	30		在庫がある商品の個数	5
3	チューリップ	40		取り扱い商品数	7
4	サクラ	20		在庫なしの商品数	2
5	ラベンダー				
6	サンフラワー	22			
7	アイリス				
8	ダフネ	35			

⊘ 知っておくと便利！

オートSUMの［数値の個数］がうまくいかないときも

COUNT関数はオートSUMからでも使えますが、数式と引数が別の表にある場合は、オートSUMがうまく範囲を識別できません。こういうときは、手入力で数式を打ち込みましょう。

セル範囲が思い通りに指定されない……

LESSON 3 ｜ 入門関数

042 四捨五入ができるROUND関数

割引や消費税の計算で便利！

必修

File：Lesson3_042.xlsx

SUMMARY 端数を任意の位で処理しよう

請求書や見積書をつくる人は必須関数！

　数値を正確に表示することは重要ですが、小数点以下の桁数が多すぎると見づらくなります。**四捨五入や切り上げ、切り捨て**を行うことで、適切な桁数に調整し、数値の正確性と見やすさのバランスを取ることができます。単に小数点が見づらいだけでなく、数値の内容に応じて、整数にすべき場合もあります。たとえば、割り切れない数値は小数第一位に揃えたり、割引価格や税金は整数で表すべきです。
　また、**小数点以下だけでなく、百の位や百万の位など、整数部分も適切に処理することが可能**です。今回紹介する3つの関数を使って、数値の種類に応じて正しく処理しましょう。

指定の数値を四捨五入する

ROUND [ラウンド]

ROUND（数値,桁数）

数式の入力例

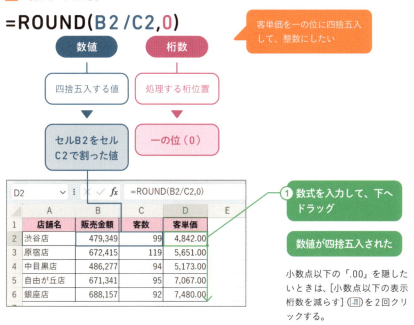

引数「桁数」の指定方法

桁数は、処理をする桁数を指定します。一の位を「0」として、小数第一位は「1」、小数第二位は「2」と桁数を右に移動すると、数字は増えていきます。逆に、十の位は「-1」、百の位「-2」と桁数を左に移動すると、数字は減っていきます。

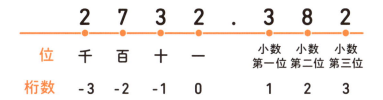

▶ 指定の数値を切り上げる

ROUNDUP ［ラウンドアップ］

ROUNDUP（数値,桁数）

▶ 数式の入力例

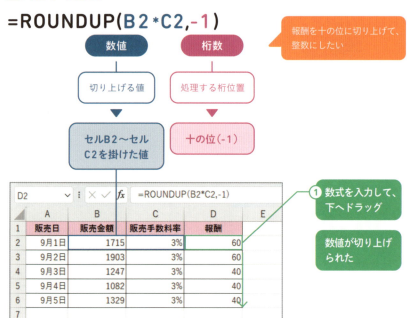

```
=ROUNDUP(B2*C2,-1)
```

- 数値：切り上げる値 → セルB2〜セルC2を掛けた値
- 桁数：処理する桁位置 → 十の位（-1）

報酬を十の位に切り上げて、整数にしたい

① 数式を入力して、下へドラッグ

数値が切り上げられた

端数の処理方法は、事前にチーム（部署や会社）と確認しておきましょう。処理方法が統一されていないと、個々の数値と合計値にズレが生じ、データの整合性が保てなくなる可能性があります。

▶ 指定の数値を切り捨てる

ROUNDDOWN [ラウンドダウン]

ROUNDDOWN(数値,桁数)

▶ 数式の入力例

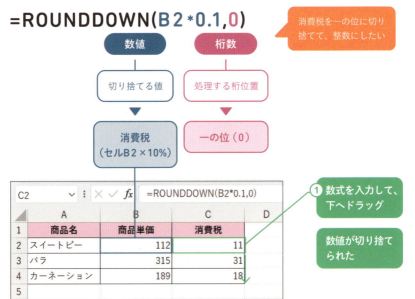

⊙ 知っておくと便利！

整数にしたいならINT関数も使える

ROUNDDOWN関数に似たINT関数があります。**INT関数は、小数部分を切り捨て、指定した数値を超えない最大の整数**を返します。たとえば「=INT(12.34)」は「12」、「=INT(-12.34)」は「-13」となります。INT関数は桁数を指定せず、単純に小数点を除いた整数に変換したいときに便利です。ただし、負の数を引数にした場合、元の値より小さい数が返されるため注意が必要です。

COLUMN

ステータスバーから計算結果を確認できる！

ちょっと確認したいときに役に立つ！

通常、平均、データの個数、合計を求めるには、AVERAGE、COUNTA、SUM関数を使用します。しかし、これらの計算を行わなくても、簡単に結果を確認する方法があります。対象の数値範囲を選択すると、**ステータスバーに平均、個数、合計が表示**されます。さらに、表示された結果をクリックするだけでコピーされ、他のセルに貼り付けることも可能です。

また、**ステータスバーを右クリック**すると、最小値や最大値も表示できるよう設定できます。一度チェックマークを入れれば、次回からも表示されるので、「ちょっと確認したい」ときに便利です。

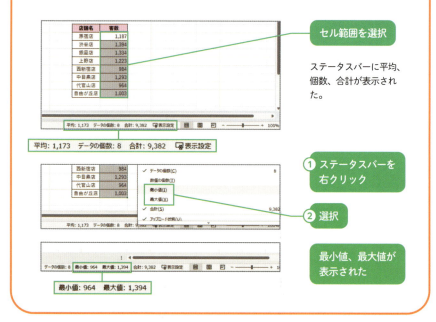

LESSON 4

実務でよく使う関数「だけ」マスターしよう

043 関数は全部覚える必要はない

お仕事の現場でよく使う関数を覚えよう

基礎

関数は500個以上あるけど、ほとんど使わない

Excelには500個以上の関数が存在しますが、**実際に仕事で使うのは通常10〜20個程度**です。その中でも、よく使う関数、たまに使う関数、まったく使わない関数があります。LESSON4では、ビジネスシーンでよく使われる基本的な関数を紹介します。関数を習得することは、仕事の効率を大幅に向上させる"鍵"となります。基本的な関数を使いこなすことで、多くの実務作業を効率的に行えます。

複数の関数を入れ子にして使うことが多い

また、業務でよく使う関数は、単純な関数同士を組み合わせて応用的に使用することが多いです。たとえば、IF関数の中にAND関数やOR関数を組み合わせて使う場合があります。関数を入れ子にすることを**「関数のネスト」**と呼び、Excelスキルを向上させるためにも重要なテクニックです。

`=IF(AND(B2>100,C2>100),"優良","要注意")`

	A	B	C	D
1	店舗名	客数増加	売上増加	判定
2	渋谷店	119	113	優良
3	原宿店	99	119	要注意
4	中目黒店	98	83	要注意
5	自由が丘店	101	118	優良
6	銀座店	93	98	要注意

IF関数の中に、AND関数の数式が入っている

よく使う関数一覧

項目名	説明
SUM系関数	数値を合計したいときに使用する。 (例) SUM／SUMIFS
COUNT系関数	数を数えるときに重宝する。 (例) COUNT／COUNTA／COUNTBLANK／COUNTIFS
ROUND系関数	計算結果の端数をどう処理するか、というときに必ず使う関数。 (例) ROUND／ROUNDUP／ROUNDDOWN
IF系関数	条件によって戻り値を変えたいときに利用する論理関数。IFやIFSの中で使用される論理値（TRUE、FALSE）や、複数条件にする場合のANDやORの使い方も合わせて覚えておく。 (例) IF／IFS／IFERROR／AND／OR
LOOKUP系関数	表から特定のデータを探すときに必須。 (例) VLOOKUP／XLOOKUP
日付／時刻関数	日時に関連するデータを計算するための関数。 (例) TODAY／DATE／TIME

まずは、LESSON3、また次のページから紹介している関数をしっかりとマスターしましょう。手作業では時間のかかる作業も、関数を使えば効率よく処理できます。各関数の理解を深め、それらを組み合わせて活用できるようになると、関数を自在に使いこなせていると言えるでしょう。

044 条件に応じて異なる結果を返すIF関数

論理式に当てはまる・当てはまらないで処理！

必修

File：Lesson4_044.xlsx

BEFORE　目標を達成しているかを調べたい

	A	B	C	D
1	店舗名	販売目標	販売金額	目標達成
2	渋谷店	11,000,000	12,561,500	
3	原宿店	11,000,000	9,686,700	
4	中目黒店	5,000,000	5,625,600	
5	自由が丘店	5,000,000	3,113,000	
6	銀座店	6,000,000	8,616,600	

もし販売金額が販売目標以上ならば「達成」、そうでない場合は「未達」

セルに表示する値を、条件によって変更できるIF関数

　IF関数は、**指定した論理式（条件）が当てはまる場合と当てはまらない場合で異なる処理を行う関数**です。論理式が当てはまることを**TRUE（真）**、当てはまらないことを**FALSE（偽）** と呼びます。

　たとえば、販売金額（C列）が販売目標（B列）以上の場合は「達成」と表示し、それ以外は「未達」と表示するなど、条件に応じた処理が可能です。他にも、発注個数が0個なら「-」、それ以外は「単価×個数」を表示するなど、工夫次第でさまざまな場面で使えます。「もし〜ならば、〜したい」というときは、まずはその条件を論理式として表現し、IF関数で解決できるかどうかを考えてみましょう。

POINT

▶ IF関数を使えば、論理式の真偽によって返す値を変えられる

▶ 論理式に当てはまるなら「真」、当てはまらないなら「偽」

▶ 比較演算子を使って論理式を組み立てる

LESSON 4 │ 便利関数

「達成」「未達」に振り分けられた

AFTER

	A	B	C	D	E
	店舗名	販売目標	販売金額	目標達成	
2	渋谷店	11,000,000	12,561,500	達成	
3	原宿店	11,000,000	9,686,700	未達	
4	中目黒店	5,000,000	5,625,600	達成	
5	自由が丘店	5,000,000	3,113,000	未達	
6	銀座店	6,000,000	8,616,600	達成	

D2 =IF(C2>=B2,"達成","未達")

C列の値がB列の値以上の場合は「達成」、そうでない場合は「未達」と表示された

このレッスンで学ぶ関数

条件によって、計算結果（戻り値）を変える関数
IF（論理式,真の場合,偽の場合）

● 論理式：評価する条件を指定。この論理式がTRUE（真）の場合、2番目の引数の値が戻り値として返される。FALSE（偽）の場合は3番目の引数の値が戻り値として返される。
● 真の場合：論理式がTRUE（真）の場合に返される値を指定。
● 偽の場合：論理式がFALSE（偽）の場合に返される値を指定。

▶ 条件によって、計算結果（戻り値）を変える関数

IF ［イフ］

IF(論理式,真の場合,偽の場合)

▶ 数式の入力例

もしエラーが出た場合は「達成」「未達」が「"」（ダブルクオーテーション）で囲まれてない可能性があります。数式の中で文字列を扱うときは「"」でテキストを囲みます。

COLUMN

論理式を組み立てるカギは比較演算子

　左ページでは「C2>=B2」という論理式で、「セルC2はセルB2以上」という論理式を組み立てました。Excelの論理式で使用される「<」「>」「=」などの記号のことを**「比較演算子」**と呼びます。たとえば「セルC2はセルB2より大きい」という条件を設定したいときは＝を省き、「C2>B2」とします。また、「セルC2とセルB2は等しくない」ときは、「C2<>B2」と表します。
　一度使い方と意味を理解すれば、条件を設定できるので、覚えておきましょう。

比較演算子を知ろう

項目名	使い方	説明
>	C2>B2	セルC2はセルB2より大きい
>=	C2>=B2	セルC2はセルB2以上
<	C2<B2	セルC2はセルB2より小さい
<=	C2<=B2	セルC2はセルB2以下
=	C2=B2	セルC2はセルB2と等しい
<>	C2<>B2	セルC2はセルB2と等しくない

LESSON 4　便利関数

045 AND・OR関数を使って複数の条件を同時判定

IF関数と組み合わせて使いこなそう

必修

File：Lesson4_045.xlsx

CASE_1 「AかつB」の条件を判定

`=IF(AND(B2>100,C2>100),"優良","要注意")`

	A	B	C	D
1	店舗名	客数増加	売上増加	判定
2	渋谷店	119	113	優良
3	原宿店	99	119	要注意
4	中目黒店	98	83	要注意
5	自由が丘店	101	118	優良
6	銀座店	93	100	要注意

◆条件
「客数増加が100より大きい」かつ
「売上増加が100より大きい」

IFとANDを組み合わせて、
「AかつB」の論理式を入力

IF関数が理解できたら、AND・OR関数を使いこなす！

　このレッスンでは、客数増加と売上増加の数値という複数の条件を基に、「優良」か「要注意」を判定します。CASE1を言語化すると、「客数増加が100を超え、売上増加も100を超えれば『優良』、それ以外は『要注意』」となります。このように条件に応じて結果を変えるために、IF関数が役立ちます。

　条件が「**AかつB**」の場合は**AND関数**を、条件が「**AまたはB**」の場合は**OR関数**を使用します。IF関数の第1引数にANDやOR関数を組み合わせて、条件を設定しましょう。まずは、使用する関数を予想し、目的を言語化してから、必要な引数を当てはめていくのがポイントです。

POINT

▶ 「AかつB」の条件を設定したいときはAND関数

▶ 「AまたはB」の条件を設定したいときはOR関数

▶ IF関数と組み合わせて使うことが多い

「AまたはB」の条件を判定　CASE_2

◆条件
「客数増加が100より大きい」または「売上増加が100より大きい」

IFとORを組み合わせて、「AまたはB」の論理式を入力

このレッスンで学ぶ関数

すべての条件が満たされているかを調べる
AND (論理式1, 論理式2, ..., 論理式255)

● 論理式：すべてTRUE（真）であればTRUEを返し、1つでもFALSE（偽）があればFALSEを返す。

いずれかの条件が満たされているかを調べる
OR (論理式1, 論理式2, ..., 論理式255)

● 論理式：1つでもTRUE（真）であれば、TRUEを返し、すべてFALSE（偽）であればFALSEを返す。

▶ すべての条件が満たされているか調べる関数

AND ［アンド］

AND（論理式1, 論理式2, ..., 論理式255）

▶ 数式の入力例

=IF
（AND(B2>100,C2>100),"優良","要注意"）

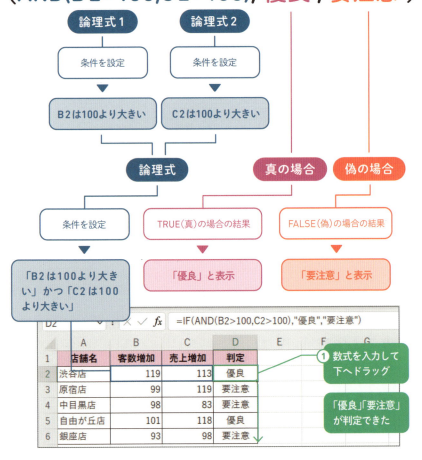

▶ いずれかの条件が満たされているか調べる関数

OR [オア]

OR(論理式1, 論理式2, ..., 論理式255)

▶ 数式の入力例

=IF
（OR(B2>100,C2>100),"優良","要注意"）

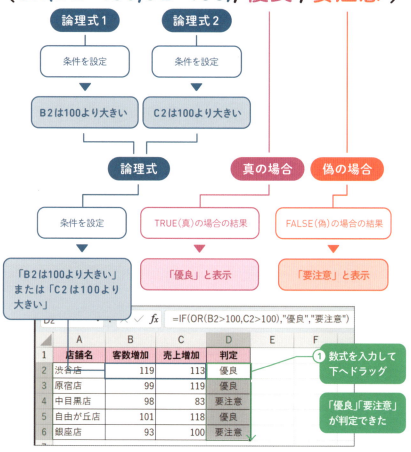

IF関数の上位互換！
IFS関数を使えば複数の判定結果を返せる

必修　File：Lesson4_046.xlsx

BEFORE　合格・追試・補習を判定したい

◆判定1
80点以上は「合格」

◆判定2
50〜79点以上は「追試」

◆判定3
49点以下は「補習」

複数の条件を設定できるIFS関数

　IFS関数は、**複数の条件を一度に判別し、順番に評価して最初に合致する条件に対応した値を返します**。Office 2019から追加された関数です。

　今回は、80点以上が「合格」、50〜79点が「追試」、49点以下が「補習」と、3つの条件に合わせて3つの判定を返します。IF関数を入れ子にして判定することもできますが、数式が長くなり複雑になってしまいます（131ページを参照）。

　IFS関数を利用することで、複雑な条件判定を簡潔に表現できます。これまでIF関数で求めていた方も、ぜひこの機会にIFS関数を使えるようになっておきましょう。

POINT

▶ IFS関数は、複数条件を同時に判定・結果を返すときに使える
▶ 論理式は、最大127個まで任意で指定可能
▶ Excel 2019より前のOfficeには対応していない

点数に応じて、3種類の判定ができた　AFTER

=IFS(B2>=80,"合格",B2>=50,"追試",TRUE,"補習")

	A	B	C
1	受講者	実技	判定
2	青木　光	85	合格
3	小林　あおい	68	追試
4	西田　尚	30	補習
5	佐々木　遼	50	追試
6	藤元　花	80	合格
7	山田　絢	79	追試

それぞれの判定が表示された

このレッスンで学ぶ関数

複数の条件を前から順に調べて、真となる値を返す
IFS (論理式1,真の場合1,論理式2,真の場合2…)

● 論理式：TRUE（真）かFALSE（偽）を返す式を指定。
● 真の場合：直前に指定した論理式の値が真の場合（条件を満たす場合）に返す値を指定。
　論理式と真の場合の組み合わせは、127個まで指定できる。

▶ 複数の条件を前から順に調べて、真となる値を返す

IFS [イフス]

IFS (論理式1,真の場合1,論理式2,真の場合2..)

■ 数式の入力例

=IFS
(B2>=80,"合格",B2>=50,"追試",TRUE,"補習")

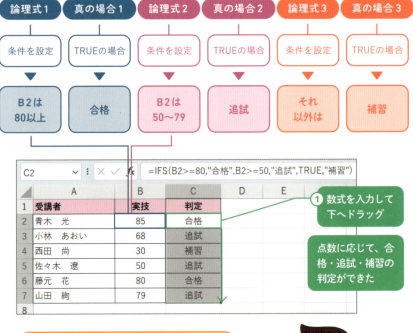

「論理式」と「真の場合」はセットで設定します。最後の条件に「それ以外」を設定するときは、論理式には「TRUE」と書きましょう。

130

COLUMN

IF関数を使って複数の判定を出す場合はどうする？

IF関数だけで3つの判定結果を出したいとき、以下のように考えます。
条件1：80点以上で「合格」
条件2：80点より低い場合は、50点以上での場合は追試、それ以外は補習
今回は3つなのでシンプルな式ですが、判定が増えるほど複雑になります。

 数式の入力例

```
=IF
(B2>=80,"合格",IF(B2>=50,"追試","補習"))
```

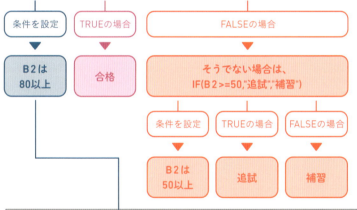

LESSON 4 便利関数

047 条件に一致した値の合計を求めるSUMIFS関数

2つ以上の条件でもOK！

必修

File：Lesson4_047.xlsx

CASE_1　SUMIF関数で合計を計算

F2　=SUMIF($B$2:$B$13,E2,$C$2:$C$13)

	A	B	C	D	E	F
1	氏名	商品名	販売数量		商品名	販売数量
2	山田	フジ	3		ダリア	12
3	佐藤	ダリア	1		フジ	19
4	山田	フジ	9		オーキッド	9
5	佐藤	フジ	1		チューリップ	7
6	鈴木	ダリア	3			
7	田中	オーキッド	5			
8	鈴木	チューリップ	2			
9	田中	フジ	5			
10	佐藤	チューリップ	5			
11	鈴木	ダリア	8			
12	鈴木	オーキッド	4			
13	佐藤	フジ	1			

商品ごとの本数を求める

条件を指定して合計できるSUMIFS関数は習得必須！

　特定の商品の販売個数を合計したいとき、一つひとつ確認しながら足していくのは非常に大変な作業になります。そこで便利な関数がSUMIF関数とSUMIFS関数です。
　SUMIF関数は1つの条件だけですが、**SUMIFS関数は複数の条件を指定**して合計を求められます（最大127個の条件を指定できます）。
　ここでは2つの関数を紹介しますが、SUMIFS関数は1つの条件でも計算でき、SUMIF関数の機能も含まれています。そのため、**SUMIFS関数だけ覚えておけば大丈夫**です。お仕事の現場でも出現頻度の高い関数なので、使いこなせるようにしましょう。

POINT

▶ SUMIF関数は、1つの条件を指定して数値を合計
▶ SUMIFS関数は、複数の条件を指定して数値を合計
▶ SUMIFS関数は、SUMIF関数の機能を兼ねている

SUMIFS関数で合計を計算　CASE_2

F2			fx	=SUMIFS($C$2:$C$13,$A$2:$A$13,$F$1,$B$2:$B$13,E2)

	A	B	C	D	E	F	G	H
1	氏名	商品名	販売数量		商品名	鈴木		
2	山田	フジ	3		ダリア	11		
3	佐藤	ダリア	1		フジ	0		
4	山田	フジ	9		オーキッド	4		
5	佐藤	フジ	1		チューリップ	2		
6	鈴木	ダリア	3					
7	田中	オーキッド	5		担当者別の商品本数を求める			
8	鈴木	チューリップ	2					
9	田中	フジ	5					
10	佐藤	チューリップ	5					

このレッスンで学ぶ関数

1つの条件を指定して数値を合計する
SUMIF (範囲,検索条件,合計範囲)

●範囲：検索の対象とするセル範囲を指定。
●検索条件：セルを検索するための条件を指定。
●合計範囲：合計したい値が入力されているセル範囲を指定。

複数の条件を指定して数値を合計する
SUMIFS (合計対象範囲, 条件範囲1, 条件1, 条件範囲2, 条件2, …)

●合計対象範囲：合計したい値が入力されているセル範囲を指定。
●条件範囲：検索の対象とするセル範囲を指定。
●条件：条件範囲からセルを検索するための条件を指定。

LESSON 4 ｜ 便利関数

複数の条件を指定して数値を合計する

SUMIFS ［サムイフス］

SUMIFS (合計対象範囲, 条件範囲1, 条件1, 条件範囲2, 条件2, ...)

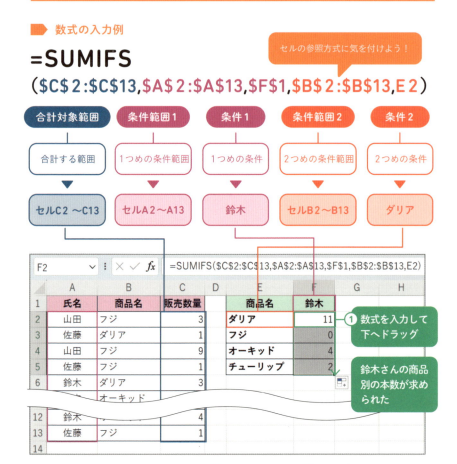

数式をコピーするときは、範囲の引数は「絶対参照」に！

ここでは「合計対象範囲」や「条件範囲」を絶対参照で指定しています。絶対参照を使うと、セルの位置が固定され、数式を他のセルにコピーしても範囲がずれず、正確な計算が維持されます。

COLUMN

複数の条件に一致したセルの数を数えるCOUNTIFS関数

LESSON 4 便利関数

　SUMIFS関数と一緒に覚えておきたい関数が、COUNTIFS関数です。COUNTIFS関数は、**複数の条件を指定して、条件に一致するセルの合計個数を算出する関数**です。アンケートを集計するときによく使います。

　以下の例では、所属エリアが「関東」で役職が「課長」のときの人数を求めています。引数「範囲」と「検索条件」を1つのセットとし、複数の条件に一致するデータの数を求めていきます。

COUNTIFS（カウントイフス）
COUNTIFS（範囲1,検索条件1,範囲2,検索条件2,..）

▶ 数式の入力例

=COUNTIFS(B2:B13,"関東",C2:C13,"課長")

	A	B	C	D	E	F
1	氏名	所属エリア	役職		関東エリアの課長	
2	伊藤 太郎	関東	課長		4	
3	渡辺 隆	関西	部長			
4	田村 哲也	関東	課長			
5	中村 雄二	関西	部長			
6	石川 駿	関東	係長			
7	田中 恵	関西	課長			
8	山田 知子	関東	部長			
9	佐々木 美咲	関東	課長			
10	鈴木 一郎	関西	課長			

COUNTIFS関数を使って、「関東」かつ「課長」の人数を求める

048 必修

商品名と単価を転記したい！

特定のデータに対応する値を返すVLOOKUP関数

File：Lesson4_048.xlsx

SUMMARY

商品IDに対応する値を返す

	A	B	C	D	E	F	G
1	商品ID	商品名	単価		商品ID	商品名	単価
2	F004	ダリアポット	900		F001		
3	F008	アジサイアレンジ	1800		F002		
4	F009	フジポット	3300		F003		
5	F010	ピンクローズブーケ	3300				
6	F003	チューリップセット	3400				
7	F007	カーネーションバスケット	3500				
8	F002	サンフラワーアレンジ	3850				
9	F005	オーキッドプランター	4300				
10	F006	ユリブーケ	5000				
11	F001	ローズブーケ	5500				
12							

商品IDに対応する商品名と単価を表示させたい

VLOOKUP関数は難しくない！

　VLOOKUP関数とは「Vertical Lookup（垂直検索）」の意味で、指定する範囲を上から下へ順番に垂直方向に検索を行い、見つかった行の指定した列の値を返すことができます。

　押さえておきたいポイントとして、**指定する範囲の中では、検索値は重複がないようにしておく必要があり、さらに範囲の一番左の列に配置**しなければいけません。4つめの引数「検索方法」は、完全一致か近似一致かを選択できます。**完全一致の場合は「FALSE」または「0」を指定**しましょう。難しいイメージがあるVLOOKUP関数ですが、垂直に検索する流れが掴めると、簡単に数式が組めます。

▶ 表を垂直方向に検索し、特定のデータに対応する値を取り出す

VLOOKUP ［ブイ・ルックアップ］

VLOOKUP(検索値,範囲,列番号,検索方法)

LESSON 4 　便利関数

数式の入力例

=VLOOKUP($E2,$A$1:$C$11,2,0)

- 検索値 → 検索するデータ → F001
- 範囲 → 検索値が左端の列になるように範囲を指定 → セルA1〜C11
- 列番号 → 取り出したいデータが範囲の何列目にあるか → 2列目
- 検索方法 → 完全一致か近似一致 → 完全一致の場合はFALSEまたは0

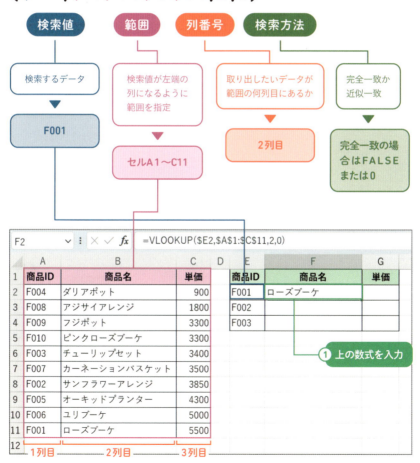

❶ 上の数式を入力

`=VLOOKUP($E2,$A$1:$C$11,2,0)`

② 右へドラッグ

商品名が入力された

`=VLOOKUP($E2,$A$1:$C$11,3,0)`

引数の列番号を「2」から「3」に修正する。

③「3」と修正

検索値は「$E2」で列のみ固定の複合参照、範囲は「$A$1:$C$11」で絶対参照にしているので、コピーしても式を修正する必要はありません。絶対参照がよくわからない場合は、96ページを復習してみましょう。

単価が表示された

④ 下にドラッグしてコピー

商品IDごとに単価と商品名が表示された

知っておくと便利！

別シートのセルを参照するには

別シートのセルを参照するには、参照したいセルの前に「(シート名)!」を付けて記述します。たとえば、「Sheet2のセルB11」を参照する場合、「=Sheet2!B11」とします。

Sheet2のセルB11を参照

049 VLOOKUPとどう違う？
該当データを一気に取り出すXLOOKUP関数

必修　　File：Lesson4_049.xlsx

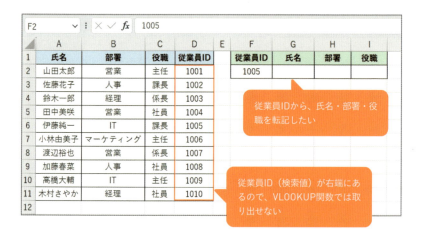

NG ✕ VLOOKUP関数では取り出せない

従業員IDから、氏名・部署・役職を転記したい

従業員ID（検索値）が右端にあるので、VLOOKUP関数では取り出せない

VLOOKUP関数の進化版、XLOOKUP関数！

　XLOOKUP関数は、**指定した条件に合致する情報を表内から検索し、対応するデータを返す**便利な関数です。従来のVLOOKUP関数に比べ、検索範囲がより自由で、柔軟な検索が可能となりました。たとえば、VLOOKUP関数では検索範囲の一番左の列に検索値を配置する必要がありましたが、XLOOKUP関数ではその制約がなく、**どの列でも検索が可能**です。また、範囲を指定して複数列のデータを一度に表示できるため、データの処理が一層効率的になります。VLOOKUP関数に代わる強力なツールとして、ぜひ覚えておきましょう。

POINT

▶ XLOOKUP関数は、表の中から必要な情報を一気に抽出できる
▶ 2020年から追加された関数で、VLOOKUP関数より便利
▶ 検索範囲の左端に検索値がなくても検索可能

○ XLOOKUP関数を使えば解決！　GOOD

	A	B	C	D	E	F	G	H	I
				fx	=XLOOKUP(F2,D1:D11,A1:C11,"該当なし")				
1	氏名	部署	役職	従業員ID		従業員ID	氏名	部署	役職
2	山田太郎	営業	主任	1001		1005	伊藤純一	IT	課長
3	佐藤花子	人事	課長	1002					
4	鈴木一郎	経理	係長	1003					
5	田中美咲	営業	社員	1004					
6	伊藤純一	IT	課長	1005					
7	小林由美子	マーケティング	主任	1006					
8	渡辺裕也	営業	係長	1007					
9	加藤春菜	人事	社員	1008					
10	髙橋大輔	IT	主任	1009					
11	木村さやか	経理	社員	1010					
12									

XLOOKUP関数を入力。セルG2〜I2に該当データが表示された

このレッスンで学ぶ関数

特定の値で表を検索し、一致する値に対応するデータを返す
XLOOKUP（検索値, 検索範囲, 戻り範囲, 見つからない場合, 一致モード, 検索モード）

- 検索値：検索対象となる値。
- 検索範囲：検索値を探す範囲。
- 戻り範囲：取得したい値の範囲。
- 見つからない場合：検索値と検索範囲が一致しない場合に表示する値（省略可）。
- 一致モード：[検索値] に対して、どの値を一致とするかの判定基準を指定。基本は「0」または省略して「完全一致」とする。
  ※他の一致モードについては、サンプルファイルで解説
- 検索モード：検索方向を指定する。基本は「1」または省略して、先頭から検索を実行する。
  ※他の検索モードについてはサンプルファイルで解説

LESSON 4　便利関数

▶ 特定の値で表を検索し、一致する値に対応するデータを返す

XLOOKUP ［エックスルックアップ］

XLOOKUP（検索値, 検索範囲, 戻り範囲, 見つからない場合, 一致モード, 検索モード）

▶ 数式の入力例

=XLOOKUP
(F2,D1:D11,A1:C11,"該当なし")

検索値	検索範囲	戻り範囲	見つからない場合
何を探すのか	どこを探すのか	どの値を取得するのか	見つからない場合、どう表示するのか
1005	セルD1～D11	セルA1～C11	該当なし

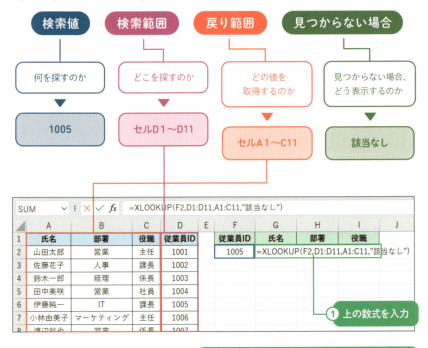

① 上の数式を入力

1つの関数で、氏名・部署・役職が転記された

COLUMN

スピル機能とXLOOKUP関数を活用して効率アップ！

これまでは、数式を入力したセルにのみ結果が表示されていましたが、**スピル機能**により、数式を入力したセルだけでなく、**隣接するセルにも結果を自動的に表示**できるようになりました。スピルとは、「こぼれる」や「あふれる」という意味で、数式の結果がセルからあふれ出して表示されるイメージです。

左ページでは、戻り範囲を「A1～C11」と3列分の範囲を指定しているので、スピル機能によって、氏名・部署・役職が転記されました。また、下の図は検索値を「D2:D6」と範囲指定しているので、その範囲が一度に返されます。本来であれば、下に同じ数式をコピーしますが、1つの数式だけで結果を求められます。このようにXLOOKUP関数を使用する際は、スピル機能が役立ちます。

検索値

=XLOOKUP(D2:D6,B2:B11,A2:A11,"該当なし")

SUM　=XLOOKUP(D2:D6,B2:B11,A2:A11,"該当なし")

①数式を入力

	A	B	C	D	E	F	G	H
1	氏名	従業員ID		従業員ID	氏名			
2	山田太郎	1001		1005	=XLOOKUP(D2:D6,B2:B11,A2:A11,"該当なし")			
3	佐藤花子	1002		1006				
4	鈴木一郎	1003		1007				
5	田中美咲	1004		1010				
6	伊藤純一	1005		1020				
7	小林由美子	1006						

E2　=XLOOKUP(D2:D6,B2:B11,A2:A11,"該当なし")

	A	B	C	D	E	F	G	H
1	氏名	従業員ID		従業員ID	氏名			
2	山田太郎	1001		1005	伊藤純一			
3	佐藤花子	1002		1006	小林由美子			
4	鈴木一郎	1003		1007	渡辺裕也			
5	田中美咲	1004		1010	木村さやか			
6	伊藤純一	1005		1020	該当なし			
7	小林由美子	1006						

1つの関数で、一気に氏名が入力できた

050 日付データを扱うコツ
日付や時刻を正しく計算しよう

必修　　File：Lesson4_050.xlsx

> SUMMARY

日付や時刻は、なぜ計算できる？

	A	B
1	日付データ	
2	1900年1月1日	
3	2025年12月31日	
4	24:00:00	
5	0:00:00	
6	15:00:00	
7	2025/12/31 15:00	
8		

日付や時刻のデータにはシリアル値が隠れている

シリアル値という数値だから！

	A	B
1	日付データ	
2	1	
3	46022	
4	1	
5	0	
6	0.625	
7	46022.625	
8		

表示形式を［標準］にすると、シリアル値が表示された

シリアル値のおかげで、日付と時刻の計算ができる！

　日付データを扱うには、大前提として、シリアル値を理解することが必須です。**Excelのシリアル値は、日付や時刻を数値で表現する仕組み**です。具体的には「1900年1月1日0時00分」を「1」とし、**1増えるたびに日付が1日分増えます**。「2025年12月31日」の場合、シリアル値は「46022」となります。時刻は「00:00:00」が「0」、「24:00:00」が「1」となるように、0から1の小数で表現されます。このシリアル値があるおかげで、日付や時刻に関する計算が可能になるのです。「15:00」のシリアル値は「0.625」となります。

POINT

▶ シリアル値は、日付や時刻を数値で表現する仕組み

▶ 1900年1月1日は「1」、1900年1月2日は「2」

▶ 00:00:00が「0」、24:00:00が「1」

CASE_1 日数を計算する

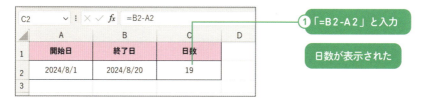

① 「=B2-A2」と入力

日数が表示された

CASE_2 勤務時間を計算する

① 「=B2-A2」と入力

勤務時間が表示された

☑ 知っておくと便利！

シリアル値を確認する方法

見た目は日付や時刻の表示形式でも、Excelはシリアル値として理解しています。日付データを選んで、[ホーム] タブから表示形式を [標準] にすると、シリアル値が確認できます。

ここをクリックして [標準] を選択

051 スケジュール表作りなどに役立つ
日付や時刻に変換する DATE・TIME関数

必修 File：Lesson4_051.xlsx

SUMMARY　1つのセルで日付や時刻を表示したい

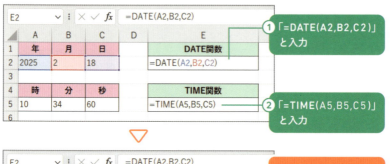

別々のセルのデータを統合して、シリアル値に変換する

　別々のセルに入力されたデータを結合して日付や時刻の形式に変換するには、**DATE関数**や**TIME関数**を使用します。DATE関数は「年・月・日」、TIME関数は「時・分・秒」を組み合わせて、1つのセルに日付や時刻を表示します。
　これらの関数を使ってシリアル値に変換する理由は、前レッスンでも説明していますが**Excelが日付や時刻を内部的にシリアル値として管理**しているためです。たとえば、DATA関数の活用シーンとして、年と月の値からスケジュール表を簡単に作成する方法があります。右ページで解説しますのでぜひ作成してみましょう。

POINT

▶ DATE関数は年月日を日付に変換できる

▶ TIME関数は、時分秒を時刻に変換できる

▶ 関数を使い、別々のセルを統合して シリアル値に変換している

年と月の値からスケジュール表を作成する

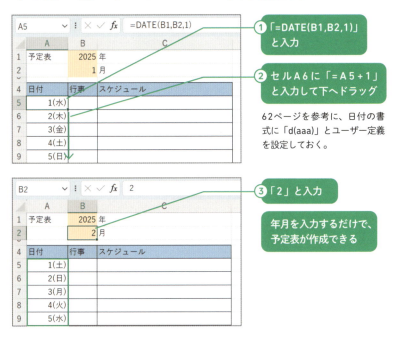

① 「=DATE(B1,B2,1)」と入力

② セルA6に「=A5+1」と入力して下へドラッグ

62ページを参考に、日付の書式に「d(aaa)」とユーザー定義を設定しておく。

③ 「2」と入力

年月を入力するだけで、予定表が作成できる

このレッスンで学ぶ関数

指定した年月日から日付を求める
=DATE（年,月,日）

- 年：年または年が入力されたセルを指定。
- 月：月または月が入力されたセルを指定。
- 日：日または日が入力されたセルを指定。

指定した時分秒から日付を求める
=TIME（時,分,秒）

- 時：時または時が入力されたセルを指定。
- 分：分または分が入力されたセルを指定。
- 秒：秒または秒が入力されたセルを指定。

052 毎日変わる日付を自動更新！
今日の日付や時刻を簡単に入力するTODAY・NOW関数

必修　File：Lesson4_052.xlsx

SUMMARY 現在の日付と時刻は自動入力が可能！

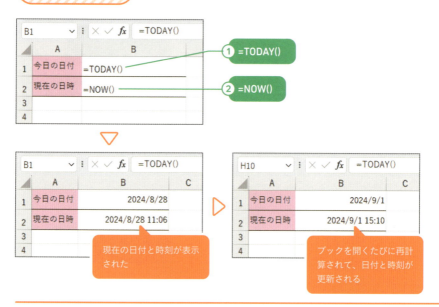

TODAY・NOW関数は、ブックを開くたびに更新される！

　請求書や報告書に今日の日付を記入することは多いでしょう。そんなときは、**セルにTODAY関数を仕込んでおくと便利**です。シートを開くたびに最新の日付が表示されるため、日付を入力する手間が省けます。**時刻も表示したいときはNOW関数を入力**してください。これらは**揮発性関数**と呼ばれ、ブックを開くたびに再計算されます。

　たとえば、締切日（セルA1）が未来の日付に設定されている場合、「=A1-TODAY()」を設定すれば、ファイルを開くたびに残り日数が自動で計算されます。毎回手動で再計算する必要がなくなり、作業の効率化と計算ミスの防止が図れます。

POINT

▶ TODAY関数、NOW関数で現在の日付や時刻を自動で入力できる

▶ 引数を指定する必要はない

▶ ブックを開くたびに最新の日付や時刻に更新される

他にもある！覚えておくと便利な日付関数

	A	B	C	D
1	日時	年	月	日
2	2024/7/2 14:08:11	① 2024	② 7	③ 2
3		時	分	秒
4		④ 14	⑤ 8	⑥ 11
5		月末	翌月末	
6		⑦ 2024/7/31	⑧ 2024/8/31	

日付から年・月・日を取り出す関数

① =YEAR(A2)

② =MONTH(A2)

③ =DAY(A2)

日付から月末を求める

⑦ =EOMONTH(A2,0)　　⑧ =EOMONTH(A2,1)

日付から時・分・秒を取り出す関数

④ =HOUR(A2)

⑤ =MINUTE(A2)

⑥ =SECOND(A2)

日付から月末を求めるEOMONTH関数。数式は「EOMONTH(開始日,月)」です。第2引数「月」には、開始日から起算した月数を指定します。同月だと「0」、翌月だと「1」となります。また、表示形式は「日付」に設定しておきましょう。

現在の日付や時刻を入力するショートカットキーも便利です。現在の日付は Ctrl + ;、現在の時刻は Ctrl + : で入力できます。ただし、これらのショートカットで入力された値は、自動更新されないので、日付や時刻の記録を残したいときだけ使いましょう。

エラーの原因を見つけよう！

数式がエラーになったときの対処法

File：Lesson4_053.xlsx

SUMMARY

エラーの原因を調べたい！

	A	B	C	D	E	F	G
1	SKU	商品名	単価		SKU	単価	
2	F001	ローズブーケ	5500		F015	#N/A	
3	F002	サンフラワーアレンジ	3850				
4	F003	チューリップセット	3400				
5	F004	ダリアポット	900				
6	F005	オーキッドプランター	4300				
7	F006	ユリブーケ	5000				
8	F007	カーネーションバスケット	3500				
9	F008	アジサイアレンジ	1800				
10	F009	フジポット	3300				
11	F010	ピンクローズブーケ	3300				
12							

#N/A
エラーとなっている原因は？
どう対処する？

Excelは間違わない、何らかの原因が必ずある

　Excelにはさまざまなエラーの種類があります。それぞれのエラーの意味を理解して、エラーに対処しましょう。右ページの表には、よくあるエラーとその原因を紹介しています。

　エラーがある場合、セルの左上に三角のアイコン（▰）が表示されます。セルをクリックすると**[エラーチェックオプション]**（⚠）が表示されます。[エラーチェックオプション]では、エラーの原因を確認できます。また**[数式]タブの[エラーチェック]ボタンをクリックすると、エラーのあるセルを発見**できます。大量データなど目視では難しいときに、エラーチェックしてみましょう。

エラーチェックオプションを確認してみよう

検索した値（F015）が検索範囲になくて、エラーになっていることがわかる。

よくあるエラーの原因と解決策を覚えておこう

エラーの種類	原因と解決策
##########	セルに入力されている文字数が多く、計算結果がセルの幅に収まりきらないときに表示されるエラー。セルの幅を広げることで解消できる。
#DIV/0!	「0」か空白セルで割り算をしていると表示されるエラー。セルの値や参照先を修正すると解消できる。
#N/A	Not ApplicableまたはNot Availableの略。VLOOKUP関数のような検索関数で、検索した値が検索範囲にない場合に表示されるエラー。検索値を修正することで解消できる。
#REF!	Referenceの略で、参照エラーという。数式内で参照しているセルの行または列が削除された場合に表示されるエラー。正しく参照先のセルがあるか確認する。
#NAME?	関数名や数式の書き方に何らかの誤りがある場合に表示される。関数名や数式を正しく記述できているか確認する。
#VALUE!	入力した数式に問題があるか、参照先のセルに問題がある場合に表示されるエラー。たとえば、数値計算を行うとき、文字列が入っている場合などによく起きる。セルに正しくデータが入力されているか確認する。

054 IFERROR関数でエラーを任意のデータに変更

エラーをスマートに処理！

必修　　File：Lesson4_054.xlsx

BEFORE
計算結果にエラーが表示

「数値×文字列」のためエラーが表示された

AFTER
エラーの代わりに－を表示

IFERROR関数を使ってエラーを「－」に置き換える

エラー表示を別の文字に置き換え

　IFERROR関数は、**計算結果がエラーになる場合に、指定した値や文字列を表示できる関数**です。たとえば、表にエラーが含まれていると、シートを印刷した際にエラー表示のまま印刷されてしまうことがあります。エラーを表示させたくない場合や、別の表現に変えたいときにIFERROR関数が有効です。ただし、エラーの原因がわかっていて問題がない場合や、エラーを隠すことでデータの信頼性が損なわれる場合は、隠す必要はありません。状況に応じて使い分けましょう。

　また、エラーを任意の文字列に置き換える際は、**「"」（ダブルクォーテーション）で囲む**ことを忘れないようにしましょう（例："要確認"）。

POINT

▶ IFERROR関数でエラー時に指定の値を返す
▶ エラーが出たときにどう表示するか指定できる
▶ テキストを指定する場合は、「"」で囲う

LESSON 4 | エラー解決

▶ 表示されているエラーを隠す

IFERROR [イフエラー]

IFERROR (値, エラーの場合の値)

数式の入力例

=IFERROR(B2*C2,"ー")

- 計算式 → 計算結果 → セルD2（B2*C2）
- エラーの場合の値 → エラーの場合 → ー

① 数式を入力して、下へドラッグ

エラー値が「ー」と表示された

	A	B	C	D
1	商品	単価	数量	金額
2	ローズブーケ	¥5,500	10	¥55,000
3	サンフラワーアレンジ	¥3,850	3	¥11,550
4	チューリップセット	¥3,400	無し	ー
5				

COLUMN

数式の見方がわかれば どんな関数も使える

本書で紹介していない関数も基本は同じ！

　Excelを使っていると、他人が作成した関数や数式に触れる機会があります。また、これまで使ったことのない関数を活用したい場面も出てくるでしょう。関数の構造や引数、参照方法を理解すれば、初めて使う関数でも使いこなせます。次の手順を踏みながら、できることの幅を増やしていきましょう。

1. 関数の目的を理解する
　その関数が何をするためのものかを理解します。

2. 引数を確認する
　関数に必要な引数を一つひとつ確認し、その内容を理解します。

3. 参照方式を確認する
　コピーしても期待通りの結果が得られない場合、数式内の参照方式が適切かを確認します。

4. エラーの確認と解決
　エラーが発生した場合は、その原因を調べて解決します。

　また、数式の入力中にヒントが表示されます。ヒントに表示される関数をクリックすると、使用する関数のヘルプが表示されるので、悩んだときの参考にしてください。

LESSON 5

データを見える化！グラフ作りとデータ分析

055 基礎

グラフを味方につける！
グラフを使うことで、説得力が向上する

BEFORE　伝えたいことをグラフにしよう

注文数	EC	渋谷店	原宿店	合計
1月	10	34	24	68
2月	19	30	37	86
3月	25	55	43	123
4月	12	40	39	91
5月	34	60	45	139
6月	11	29	23	63
合計	111	248	211	570

> 数値だけでは何を伝えたいのかわからない……

グラフは課題分析や意思決定のための判断材料

　データをグラフ化する理由は、直感的に理解しやすくするためです。また、グラフを使うことで「なぜ？」という課題の分析や、「こういう施策を実行しよう！」という意思決定を行うための判断材料にもなります。

　たとえば、上の表を見ても、何を伝えたいかはわかりません。目的に応じたグラフを作成しましょう。たとえば、時系列で比較するなら折れ線グラフ、3店舗の内訳を比較するなら積み上げ縦棒グラフ、各店舗のシェアを調べるなら円グラフなど、内容によってグラフの形も変わります。どのグラフが何に効果的かを理解し、データの価値を高められるようにしましょう。

POINT

▶ グラフの種類によって伝えたいことが変わる
▶ グラフにすると、データの傾向を発見しやすくなる
▶ プレゼンテーション効果も向上する

LESSON 5 　グラフ

目的に合わせてグラフを選ぶ

AFTER

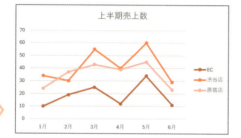

◆折れ線グラフ
時系列のデータの推移

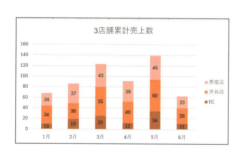

◆積み上げ縦棒グラフ
累計データから内訳を比較する

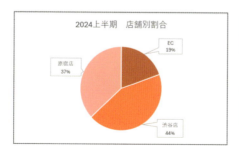

◆円グラフ
全体に占める割合をみる

3つのグラフは、左ページの表からできている

056 基礎

グラフにはどんな要素がある？

はじめに覚えておこう！グラフ要素

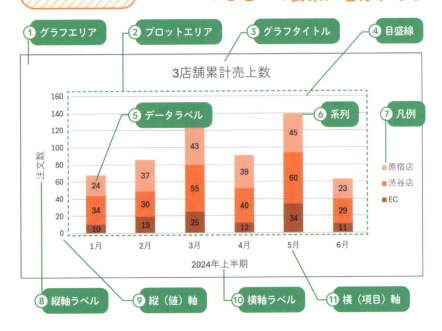

SUMMARY 一つひとつの要素に名称がある

① グラフエリア ② プロットエリア ③ グラフタイトル ④ 目盛線 ⑤ データラベル ⑥ 系列 ⑦ 凡例 ⑧ 縦軸ラベル ⑨ 縦（値）軸 ⑩ 横軸ラベル ⑪ 横（項目）軸

グラフ要素とは、グラフを構成するパーツのこと

　グラフ要素とは、グラフを構成するパーツのことです。上図のように、グラフはさまざまな要素で構成されています。普段聞きなれない名称が多いので最初は戸惑うかもしれませんがご安心ください。**各要素にカーソルを合わせると、グラフ要素の名称が表示される**ため、どの部分がどの要素かを簡単に確認できます。

グラフ要素の名称と役割

名称	役割
①グラフエリア	グラフ全体を囲む領域のこと。
②プロットエリア	データが実際に表示される領域のこと。
③グラフタイトル	グラフの内容を説明するタイトル。
④目盛線	軸に沿って引かれる線のこと。
⑤データラベル	各データポイントの数値を表示できる。
⑥系列	棒グラフの棒や折れ線グラフの線など、データポイントの集まりのこと。
⑦凡例	データ系列の名前とその色を表示する。
⑧縦軸ラベル	縦軸の説明。
⑨縦（値）軸	数値データを表す軸のこと。
⑩横軸ラベル	横軸の説明。
⑪横（項目）軸	項目データを表す軸のこと。

グラフ要素を表示または非表示にする

　グラフ要素はすべて表示する必要はありません。非表示にすることで、グラフが見やすくなることもあります。以下の手順で、グラフ要素の表示・非表示を切り替えられるので、必要に応じてカスタマイズしましょう。

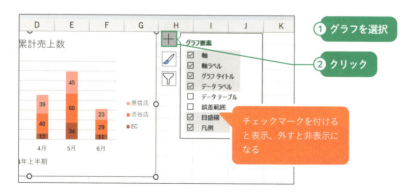

057 必修

棒グラフを作成してみよう！
データの大小比較に便利な「棒グラフ」

📁 File：Lesson5_057.xlsx

SUMMARY 各商品の販売本数を店舗ごとに視覚化

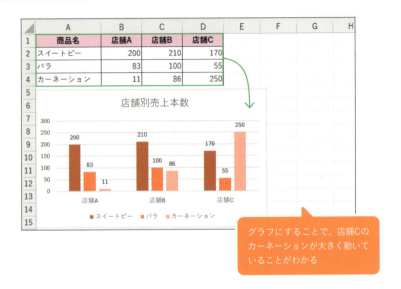

グラフにすることで、店舗Cのカーネーションが大きく動いていることがわかる

ボリュームを比較したいときは「棒グラフ」

　棒グラフは、**棒の高さでデータの大小を表現するグラフ**です。複数のデータを並べて比べることができるので、データごとの大小関係や差を視覚的に理解できます。

　棒グラフは、縦棒グラフと横棒グラフがあります。**縦棒グラフ**は項目ごとの比較が向いていて、**横棒グラフ**はランキングなど1つのトピックについて大小比較したいときに向いてます。

　他にも、**積み上げ縦棒グラフ**と**100%積み上げ縦棒グラフ**などもあり、データの特性や使い分け方は163ページで解説します。

POINT

▶ 縦棒グラフは、棒の高さでデータの違いを表現する

▶ 横棒グラフは、ランキングのように多数のデータ量の比較が得意

▶ データの種類に応じた書式設定が可能

縦棒グラフを作成する

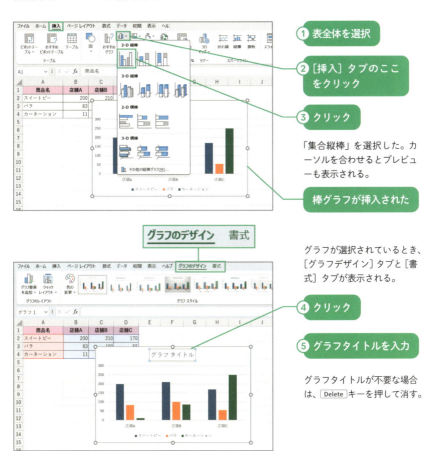

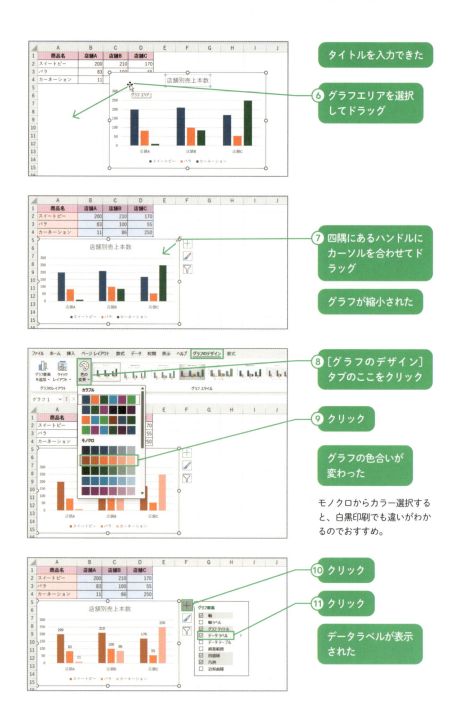

他の棒グラフの特徴を知ろう！

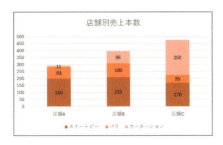

積み上げ縦棒グラフ

項目を積み上げることで、合計だけでなく、各項目の内訳を表示し、それぞれの貢献度を視覚的に理解できます。
横並びで比較できるため、部門別の売上高の推移や種類別の比較などでよく用いられます。

100％積み上げ縦棒グラフ

全体を100％として、各カテゴリーの相対的な割合を表現するグラフです。数値の大きさよりも比率の変化に注目したい場合に適しています。顧客満足度調査の年代別比較や、売上シェアの経年変化を表現する際によく用いられます。

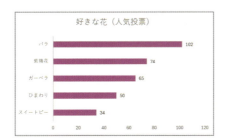

横棒グラフ

多数のカテゴリーを比較するのに便利なグラフです。表データをあらかじめ昇順に並び替えておくと、グラフでは1番上に最も大きな値の項目が配置され、下に行くほど小さな値になるため、視認性が高まります。
商品別のランキングや国別のGDPを比較する際によく用いられます。

※グラフでは、昇順と降順の見た目の並び順が表とは逆になるので注意。

💡 知っておくと便利！

系列をランキング順に並べ替えたい

上図の横棒グラフのようにランキング順に並べ替えたいときは、元データを[昇順]で並べ替えましょう（80ページ）。表の並び順がグラフに反映されます。

> データは[降順]ではなく[昇順]で並べ替えておく

	A	B
1	好きな花	好きな花（人気投票）
2	スイートピー	34
3	ひまわり	50
4	ガーベラ	65
5	紫陽花	74
6	バラ	102
7		

時の流れを線で追う!
058 時系列を視覚化する「折れ線グラフ」

必修

File：Lesson5_058.xlsx

SUMMARY

前年同月比を視覚化する

時系列データの推移を折れ線グラフで表現する

今回は縦軸の目盛の最小値を60％に設定

時系列の動きを表現したいときは「折れ線グラフ」

　折れ線グラフは、**主に時系列などの連続的なデータを視覚的に理解する**ために使います。データの向きや傾きによって、その時点で起きた変化に対する出来事を探る手がかりとなります。

　折れ線グラフの縦軸の目盛は自動で設定されますが、[軸の書式設定] 画面から任意の数値に変更可能です。今回は最小値を0％から60％に上げて、より折れ線に角度を付けました。**最小値を大きくすることでデータの変動を強調でき、比較しやすくなります。**元の設定では角度が緩く、折れ線グラフが読みづらい場合、視覚的に見やすくするコツとして覚えておきましょう。ただし、角度を付けすぎると誤解を招く可能性があるため、注意が必要です。

POINT

- ▶ 折れ線グラフは、時系列データなどの推移を表現する
- ▶ 比較よりも変化を表現したいときに使用する
- ▶ 目盛の最大値・最小値は任意の数値に変更できる

折れ線グラフを作成して、縦軸の目盛を調整する

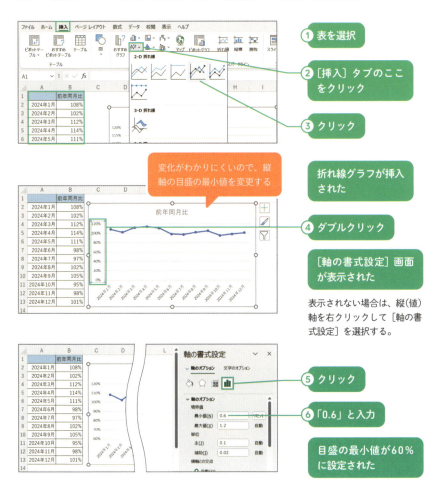

059 必修

全体像を円で描く！
割合を視覚化する「円グラフ」

File：Lesson5_059.xlsx

SUMMARY
年代別のシェアを視覚化する

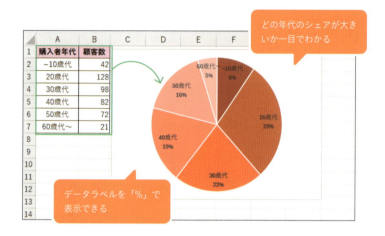

どの年代のシェアが大きいか一目でわかる

データラベルを「％」で表示できる

各項目が占める割合を表現するための「円グラフ」

　円グラフは、**合計を100％としたときに、各項目が占める割合を表現**するためのグラフです。たとえば、売上のシェアや市場占有率、年齢（年代）の内訳などに効果的です。また、中心部に穴が開いた**ドーナツグラフ**もあり、中央に全体の合計値（売上総額1千万円）や注目すべき数値（賛成80％）など重要な情報を表示したい場合に適しています。

　今回のレッスンでは、データラベルを割合（％）で表示する方法を紹介します。［データラベルの書式設定］画面のラベルオプションを表示して、［パーセンテージ（％）］にチェックマークを付けます。また**不要な項目を非表示にして、データラベルをすっきり**させましょう。

POINT

▶ 円グラフは割合を表現する

▶ データラベルを割合（%）で表示できる

▶ 不要な要素を非表示にしてスッキリさせる

円グラフを作成して、データラベルを「%」で表示する

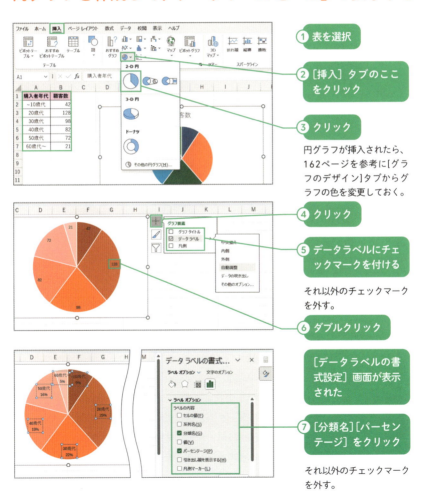

異なる視点のデータの関係性がひと目でわかる

2種類のデータを1つにまとめる「複合グラフ」

必修

File：Lesson5_060.xlsx

SUMMARY 顧客数と金額の関係性を視覚化する

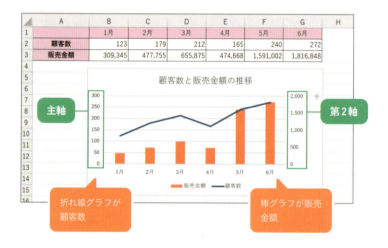

データの関連性を表現したいときは「複合グラフ」

　複合グラフは、**2種類のデータをわかりやすくまとめて表現**できます。データの関係性を直感的に理解できるので、分析にも役立ちます。棒グラフや折れ線グラフは「主軸」しかありませんが、複合グラフには「**主軸**」と「**第2軸**」があるのが特徴です。主軸はグラフの左側に位置し、主要なデータを表示します。第2軸はグラフの右側に位置し、主軸とは異なるスケールのデータを表示します。

　今回は、顧客数を主軸、販売金額を第2軸に設定して複合グラフを作成していきます。また、「100,000」などの桁数の多い金額を「100」（千円単位）で表示する方法も紹介します。

POINT

▶ 異なる種類のデータを組み合わせる複合グラフ

▶ データの関係性を直感的に理解できる！

▶ 第2軸とは、グラフの右に追加される軸のこと

複合グラフを作成する

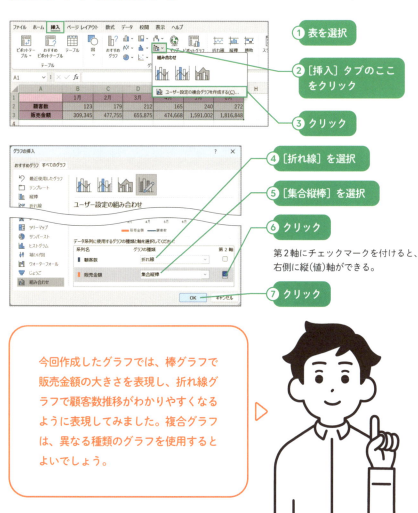

① 表を選択

② [挿入] タブのここをクリック

③ クリック

④ [折れ線] を選択

⑤ [集合縦棒] を選択

⑥ クリック

第2軸にチェックマークを付けると、右側に縦(値)軸ができる。

⑦ クリック

今回作成したグラフでは、棒グラフで販売金額の大きさを表現し、折れ線グラフで顧客数推移がわかりやすくなるように表現してみました。複合グラフは、異なる種類のグラフを使用するとよいでしょう。

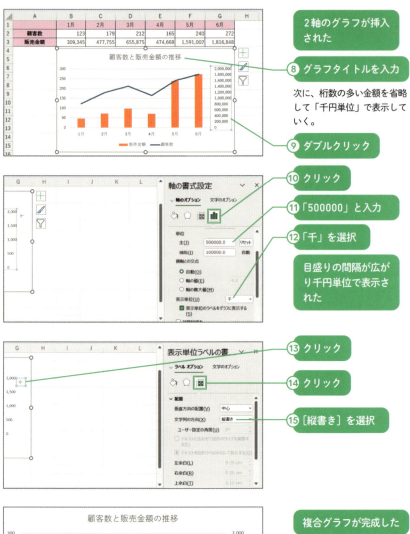

COLUMN

色や吹き出しで伝えたいことを強調！

　伝えたいことを強調するためには、色を効果的に活用することが重要です。特定の要素に濃い色を使用することで、その部分が他と区別され、視覚的に際立ちます。たとえば、同系色の中で赤を使うと、強いコントラストにより注目を集めやすくなります。また、グラフの上に「吹き出し」を挿入することで、視線が自然と集まり、メッセージがより強調されます。これらの視覚的手法を活用して、伝えたい情報を効果的に強調しましょう。

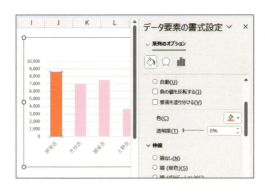

1つだけ系列の色を変える

目立たせたい系列だけを選択してダブルクリックし、[データ要素の書式設定]画面から塗りつぶしの色を変更する。

吹き出しを挿入する

[挿入]タブ→[図]→[図形]から吹き出しを選択する。グラフの上に移動させて、伝えたいテキストを入力する。

061 選択

省スペースでデータの傾向を直感的に伝える
表の数値を視覚化するミニグラフ「スパークライン」

File：Lesson5_061.xlsx

SUMMARY 新規会員の増加数を視覚化する

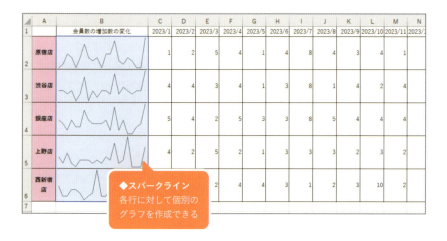

◆スパークライン
各行に対して個別のグラフを作成できる

データのトレンドを簡単に把握したいときに便利！

　スパークラインは、**セル内に埋め込まれた小さなグラフ**のことです。スパークラインを挿入することで、シートを複雑にせずにデータの推移を視覚化できます。データの傾向やパターンを省スペースで表現し、たとえば会員数の増加や売上の変動などを一目で把握できる点が特徴です。スパークラインには、**折れ線**、**縦棒**、**勝敗**の3種類があり、データの種類によって使い分けることができます。勝敗のスパークラインはデータが正の数か負の数かを視覚的に示すため、試合結果や目標達成状況などに適しています。

　なお、作成したスパークラインをクリックすると［**スパークライン**］**タブ**が表示され、そこからデータの編集や削除（クリア）など詳細を設定できます。

POINT

▸ 表のセル内にグラフが作れる

▸ 表の行ごとにグラフを作成できて各データの傾向が掴みやすい

▸ 折れ線・縦棒・勝敗の3種類ある

スパークラインを作成する

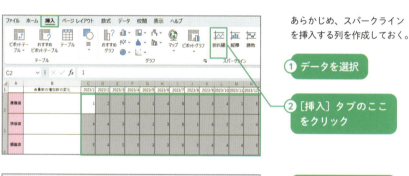

あらかじめ、スパークラインを挿入する列を作成しておく。

① データを選択

② [挿入] タブのここをクリック

③ スパークラインを挿入するセルを選択

セルをドラッグすると、自動的に範囲が入力される。

④ クリック

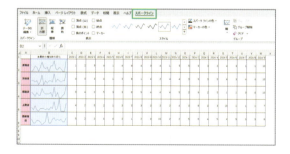

スパークラインがB列に挿入された

スパークラインが選択されているときは、[スパークライン] タブが表示される。

クロス集計でデータ分析のレベルが上がる！
集計・分析はピボットテーブルにお任せあれ！

基礎

BEFORE

大量データを集計したい

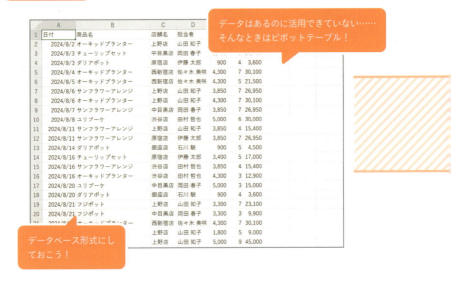

データはあるのに活用できていない……
そんなときはピボットテーブル！

データベース形式にしておこう！

ピボットテーブルでできることを知ろう

　ピボットテーブルは、関数を使わずに**データから特定の項目を軸にして、集計表を作成する機能**です。たとえば、購入データがある場合、担当者ごとの商品の金額をクロス集計したり、店舗別の実売数や金額を集計したり、さまざまな軸で集計できます。一見難しそうに見えますが、実際は10秒でできる簡単な操作です。

　次のレッスンで、操作方法を解説しますが、その前に**元データがデータベース形式になっていることを確認**しましょう。ピボットテーブルがうまく機能しない場合は、Lesson2_028を見直してデータベース形式の表ができているか確認してください。

POINT

- ▶ 難しい数式や関数は不要！
- ▶ ピボットテーブルは複雑なデータを簡単に分析できる
- ▶ 元データはデータベース形式にしておく

LESSON 5 ピボットテーブル

いろいろな切り口で集計できた　AFTER

「商品×担当者」で金額を集計

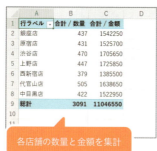

各店舗の数量と金額を集計

「商品×年」で金額を集計

クロス集計とは、2つ以上の項目を組み合わせて作成する表のことです。関数を用いてクロス集計すると大変複雑ですが、ピボットテーブルを使えば簡単にクロス集計表を作成できます。

まずは作成するための準備!
ピボットテーブルの作成画面を確認しよう

必修　　File:Lesson5_063.xlsx

SUMMARY　　ピボットテーブルの作成画面

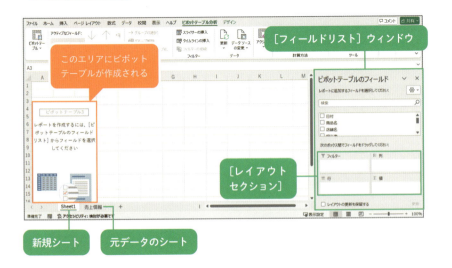

ピボットテーブルのカスタマイズ方法

　ピボットテーブルの作成画面の右側には、[フィールドリスト] ウィンドウが表示され、データソース内の各列が「**フィールド**」として並んでいます。ウィンドウ下部にある [**レイアウトセクション**] は、その名の通り、表のレイアウトを作成する場所です。フィールドを「行」「列」「値」「フィルター」にドラッグ&ドロップすることで、集計表をカスタマイズできます。たとえば、**表の左側に配置する項目は「行」に、表の上部に配置する項目は「列」に、表示する数値データは「値」に指定**します。あらかじめ、どのような集計表を作成したいかをイメージしておくと、よりスムーズに作業が進められます。

POINT

- ▶ 大きな表は Ctrl + A キーを押して全体を選択
- ▶ 新しいシートにピボットテーブルを作成していく
- ▶ [フィールドリスト] で集計方法をカスタマイズ

ピボットテーブルの作成画面を表示する

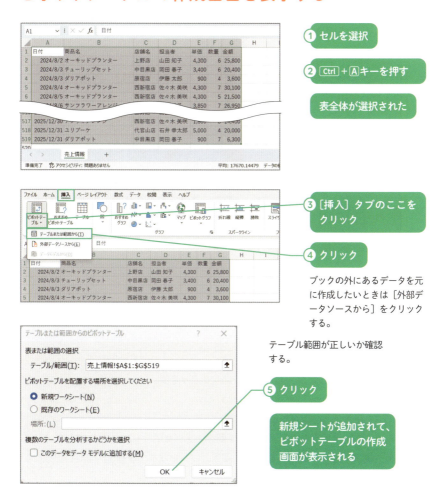

064

たった数回のマウス操作でOK！

ピボットテーブルで集計してみよう

必修

File：Lesson5_064.xlsx

SUMMARY たった10秒で思い通りに集計！

商品名（行）と担当者（列）のクロス集計を作成したい

いろんな視点で集計・分析してみよう！

　ピボットテーブルを作成する前に、**どんな表にしたいかを明確にしておくこと**が大切です。このレッスンでは1つのデータベースから、3つの集計表を作成してみます。各項目をどのエリアに配置するかがポイントとなります。
- **CASE_1**：担当者ごとの商品別売上を求める
- **CASE_2**：店舗ごとの数量と金額を求める
- **CASE_3**：特定の担当者の商品ごとの年別売上を求める

　いろいろな集計表を作成することで、操作のコツが掴めてきます。ぜひ、実際に手を動かして集計してみましょう。

POINT

▶ 目的を明確にして集計しよう
▶ 項目を[レイアウトセクション]にドラッグするだけ
▶ 日付データは年・四半期・月・日で集計できる

CASE_1 担当者ごとの商品別売上を求めたい

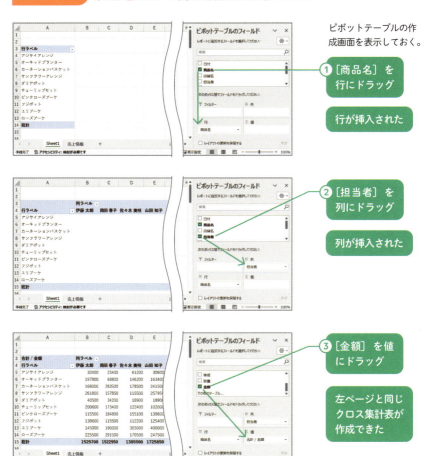

CASE_2 店舗ごとの数量と金額を求めたい

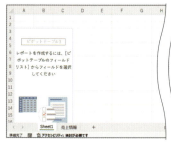

すべての項目のチェックマークを外して、ピボットテーブルを空の状態にしておく。

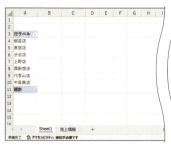

①[店舗名]を行にドラッグ

行が挿入された

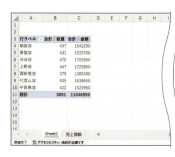

②[数量]と[金額]をクリック

数量と金額の値が表示された

集計元のデータを修正したときは、手動で更新する必要があります。[ピボットテーブル分析]タブ→[更新]ボタンをクリックしましょう。
データを追加したときは、[データソースの変更]から設定します。

CASE_3 商品ごとの年別売上を全体と担当者別で求めたい

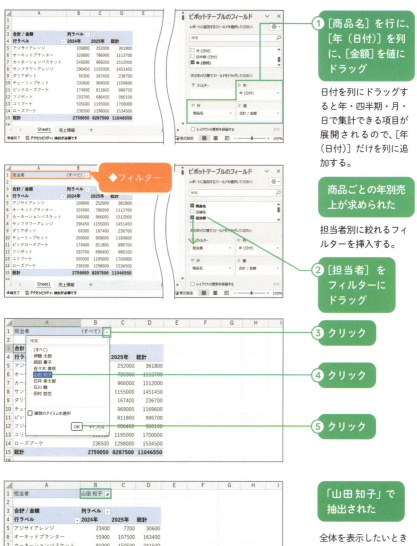

COLUMN

AIアシスタント「Copilot」を
Excelで使うには

AIアシスタントのいる世界

　Copilot（コパイロット）は、**マイクロソフト社が提供するAIアシスタントサービス**です。特にビジネスユーザーや専門家向けに設計されており、Office製品と組み合わせて使用できます。利用するには、**Microsoft Copilot Proを契約**する必要があり、具体的な利用条件や制限はMicrosoftの契約内容やライセンス条件によって異なる場合があります。

　Excelで利用する場合、データ分析や視覚的なデータ理解をサポートしてくれます。Copilotに質問や命令文（「プロンプト」と呼ぶ）を投げかけると、AIが内容を読み取り、回答を表示します。ただし、AIが生成したコンテンツには誤りが含まれる可能性があるため、注意が必要です。

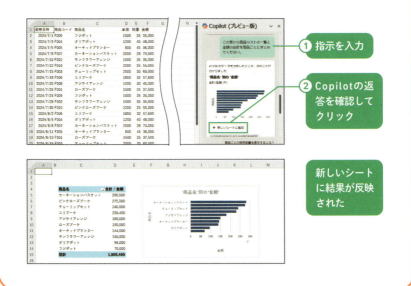

LESSON 6

Excelの便利技＆あるある「困った」を解決

065 資料が見やすくなる便利技
ウィンドウ枠を固定して見出しを常に表示

必修

File：Lesson6_065.xlsx

NG ❌ 先頭の見出しがわからない

見出しがないとデータの内容がわからない

行・列をスクロールすると、見出しが隠れてしまう

スクロールしても、見出しが隠れないように固定

　大きな表を扱う際、見出しがスクロールで消えるとデータの理解が難しくなります。そこで、[表示] タブの [ウィンドウ枠の固定] ボタンが役立ちます。この機能を使うと、特定の行や列を固定し、それ以外の部分だけをスクロールできます。固定する前に、適切なセルを選択することが重要です。固定したい行の1行下、または固定したい列の1列右のセルをクリックしましょう。行または列だけを固定することも可能です。

　また固定を解除するには、[ウィンドウ枠の固定] → [ウィンドウ枠固定の解除] をクリックします。

POINT

▶ ［ウィンドウ枠の固定］で、常に見出しを固定できる
▶ 大きな表を扱うときに有効
▶ 固定する前に適切なセルを選択しておく

◯ 常に見出しが表示される！　GOOD

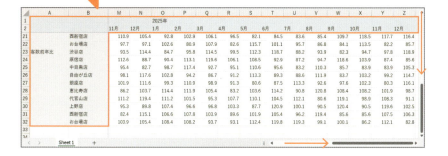

シートをスクロールしても行・列の見出しが固定されている

ウィンドウ枠を固定する

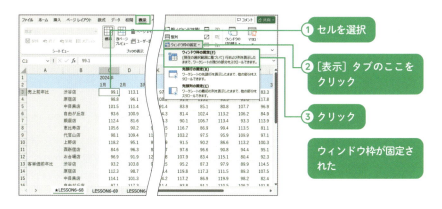

① セルを選択
② ［表示］タブのここをクリック
③ クリック

ウィンドウ枠が固定された

必修

必要なデータだけを表示したい！
一時的に不要なデータはグループ化する

File：Lesson6_066.xlsx

SUMMARY　四半期データをグループ化する

	A	B	C	D	E	F	G	H	I	J	K	L
1	売上前年比	第1四半期	第2四半期	第3四半期	第4四半期	2024年	第1四半期	第2四半期	第3四半期	第4四半期	2025年	
2	渋谷店	106.5	97.5	90.9	91.7	96.6	97.7	99.2	104.6	110.5	103.0	
3	原宿店	94.2	101.2	105.2	99.5	100.0	108.9	102.4	92.8	108.1	103.1	
4	中目黒店	104.7	87.4	108.7	83.3	96.0	104.4	94.5	99.6	102.5	100.3	
5	自由が丘店	102.9	102.8	95.5	99.0	100.1	99.9	106.7	99.5	98.6	101.2	
6	銀座店	93.6	108.9	109.9	103.4	104.0	100.0	95.8	100.8	105.2	100.5	
7	恵比寿店	96.4	101.3	104.2	101.0	100.7	102.4	99.4	101.2	100.7	100.9	
8	代官山店	106.0	92.1	93.9	98.9	97.7	97.6	96.6	99.4	98.3	98.0	
9	上野店	103.6	92.7	110.6	89.4	99.1	101.4	97.3	110.4	96.1	101.3	
10	西新宿店	89.8	103.0	112.4	95.0	100.1	96.4	93.9	104.3	91.0	96.4	
11	お台場店	103.0	102.7	103.6	102.1	102.9	90.7	103.1	84.4	107.4	96.4	

▽

	A	F	K	L	M	N	O	P	Q	R	S	T	U	V
1	売上前年比	2024年	2025年											
2	渋谷店	96.6	103.0											
3	原宿店	100.0	103.1											
4	中目黒店	96.0	100.3											
5	自由が丘店	100.1	101.2			年度の売上前年比								
6	銀座店	104.0	100.5			だけを表示できた								
7	恵比寿店	100.7	100.9											
8	代官山店	97.7	98.0											
9	上野店	99.1	101.3											
10	西新宿店	100.1	96.4											
11	お台場店	102.9	96.4											

1クリックで隠したい行・列をまとめて折りたたむ

　Excelには、**非表示にしたい行・列を折りたためる［グループ化］機能**があり、必要に応じて1クリックで再表示できます。

　上図のように、年度売上を四半期ごとにまとめている場合、四半期データを一時的に隠して年度データだけを表示することが可能です。

　似た機能として［非表示］がありますが、非表示になっている行・列がわかりにくく、再表示も1クリックではできません。そのため、一時的に不要なデータを隠したいときは、［非表示］よりも［グループ化］をおすすめします。

POINT

▶ まとめたい行や列を選択して［グループ化］をクリック

▶ 行・列どちらでもグループ化が可能

▶ 1クリックで表示・非表示を切り替えられる

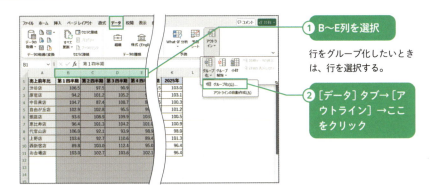

① B～E列を選択

行をグループ化したいときは、行を選択する。

②［データ］タブ→［アウトライン］→ここをクリック

グループ化されて、［−］ボタンが表示された

③ クリック

B～E列のデータが折りたたまれた

［＋］をクリックすると、データが展開される。

重複したデータをはじきたい！

重複したデータをリストから確実に削除する方法

選択　　File：Lesson6_067.xlsx

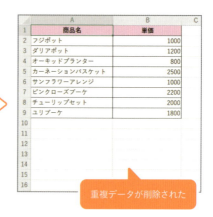

BEFORE 重複データを削除したい

AFTER ユニークなデータに！

重複データが削除された

重複データの削除でデータ管理を効率化

　商品リストや在庫データ、社員情報などは、各データが一意であり、重複しないことが大切です。そこで便利なのが、[データ] タブにある **[重複の削除] 機能**です。手作業で行うと一つひとつ確認しながら削除しなければなりませんが、[重複の削除]を使うことで瞬時に削除できます。この機能を利用することで、**モレなく、ダブリなくリストを正確に管理**できます。

　間違って重複データを削除してしまった場合は、Ctrl＋Zキーを押して元に戻しましょう。この機能は直接データを削除するため、不安なときは、削除する前の状態をコピーしておくとよいでしょう。

POINT

▶ 重複データを削除して、モレなくダブりなくリストを管理

▶ ［データ］タブの［重複の削除］をクリック

▶ 一意なデータを抽出するときに便利！

LESSON 6 | 便利技

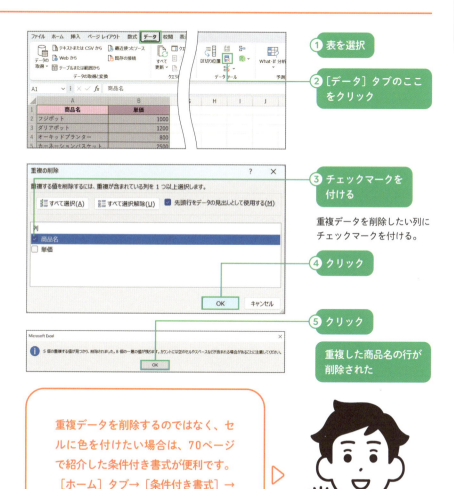

① 表を選択

② ［データ］タブのここをクリック

③ チェックマークを付ける

重複データを削除したい列にチェックマークを付ける。

④ クリック

⑤ クリック

重複した商品名の行が削除された

重複データを削除するのではなく、セルに色を付けたい場合は、70ページで紹介した条件付き書式が便利です。［ホーム］タブ→［条件付き書式］→［セルの強調表示ルール］をクリックして、［重複する値］を選択しましょう。

チームのコミュニケーションを強化！
フィードバックは
コメント機能で書き込む

必修　　File：Lesson6_068.xlsx

NG　　❌ 近隣のセルに書き込む

	A	B	C	D	E
1		1月	2月	3月	4月
2	顧客数	123	179	212	165
3	販売金額	309,345	477,755	655,875	474,668

←4月の顧客数が減少した理由はどのような理由でしょうか？

（コメント）近隣のオフィスビルが改装中のため、歓迎会・送別会などの需要が減りました。

> セルに直接メモを書き込むと、データが扱いにくくなる

フィードバックを簡単に共有！

　チームで同じシートを共有する際、データに関する質問や確認がよく発生します。NG例のように、セルに直接コメントを書き込むと、データが増えた際に使い勝手が悪くなります。そこで、GOOD例のように **[コメント機能]** を活用しましょう。コメントをセルに追加することで **シート上でディスカッションが可能** になり、履歴も残るため、そのデータに至った背景も理解できます。

　また、コメントが付いているセルには右上にアイコン（🚩）が表示され、カーソルを合わせるとコメントが表示されます。

POINT

- ▶ [コメント]機能でディスカッションが可能
- ▶ [校閲]タブの[新しいコメント]をクリック
- ▶ コメント付きのセルの右上には、マーク(🏷)が表示される

○ セルにコメントを挿入する　GOOD

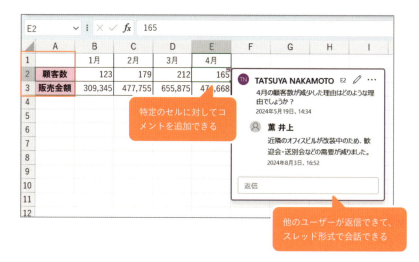

特定のセルに対してコメントを追加できる

他のユーザーが返信できて、スレッド形式で会話できる

コメントを挿入する

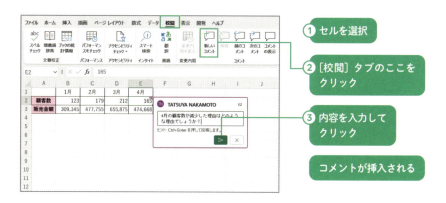

① セルを選択

② [校閲]タブのここをクリック

③ 内容を入力してクリック

コメントが挿入される

コメントを確認して返信する

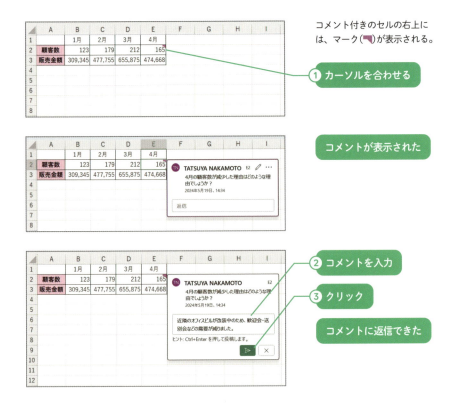

コメントを解決する

コメントの一覧を表示する

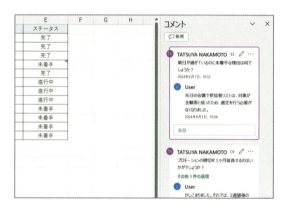

複数あるコメントを一覧で表示したい。

① [校閲] タブのここをクリック

コメントの一覧が表示された

LESSON 6 | 便利技

🗸 知っておくと便利！

コメントとメモの違い

[校閲] タブには、[コメント] と似た [メモ] 機能があります。メモは情報の記録や伝達が主な目的ですが、コメントは他のユーザーとのコミュニケーションに活用できます。目的に合わせて使い分けましょう。

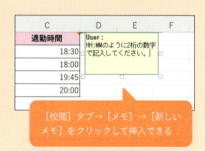

[校閲] タブ→ [メモ] → [新しいメモ] をクリックして挿入できる

069 正確性と一貫性を維持できる！
入力の効率が上がる
データの入力規則

選択　　File：Lesson6_069.xlsx

SUMMARY　　　　　　　　　［データの入力規則］画面

タブごとにさまざまな入力規則を設定できる！

入力ルールを定めて作業をラクにしよう！

　入力規則とは、データ入力時にルールを設定する機能です。セルに入力するデータの規則を事前に定めることで、入力ミスを防ぎ、効率的なデータ入力が可能になります。［データ］タブの［データの入力規則］をクリックして、[データの入力規則]画面から設定できます。入力値の指定やリストの作成、ルール外のデータに対するエラーメッセージ表示など、さまざまな設定ができます。

　このレッスンでは、商品コードを半角英数字に統一する規則を設定する方法を紹介します。あらかじめセルに入力モードを指定することで、データの整合性を保ちながら表記の揺れを防ぎます。

POINT

▶ 入力規則を使いこなせば、データ入力がラクになる

▶ あらかじめ入力ルールを設定して入力ミスを防止

▶ 自動的に入力モードを半角英数字（A）に切り替えられる

入力モードを半角英数字に自動で切り替える

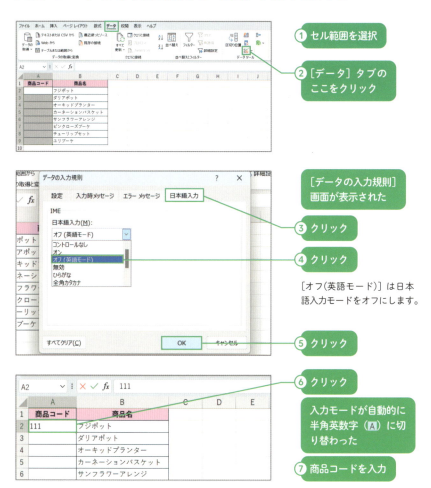

070 エラーメッセージを設定する

誤ったデータを入力した際に通知!

選択

File：Lesson6_070.xlsx

SUMMARY

入力時にエラーを検出したい!

条件に当てはまらないデータを入力させない

　条件に反するデータを入力できなくするための便利技を紹介しましょう。このレッスンでは、商品コードに3桁の整数以外を入力できないように［データの入力規則］画面から条件を設定します。さらに条件以外のデータを入力した場合に、エラーが表示されるようにカスタマイズします。エラーメッセージのスタイルは、停止、注意、情報の3つから選択できます。

　他の人と共同で入力する際の正確性と一貫性を維持するために、入力できる条件とエラーメッセージを設定しておくことが重要です。

111〜999以外の値はエラーに設定する

セル範囲を選択して、195ページを参考に［データの入力規則］画面を表示しておく。

① クリック
② ［整数］を選択
③ ［次の値の間］を選択
④ 最小値と最大値を入力

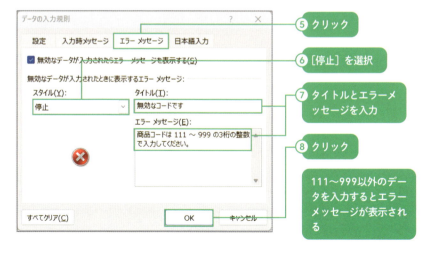

⑤ クリック
⑥ ［停止］を選択
⑦ タイトルとエラーメッセージを入力
⑧ クリック

111〜999以外のデータを入力するとエラーメッセージが表示される

誰が入力してもミスしない工夫
ドロップダウンリストからデータを選択する

必修　　File：Lesson6_071.xlsx

SUMMARY
リストから選択するだけ！

> ドロップダウンリストから商品名を選択

> リストはセルF2〜F9を参照して作成する

効率はもちろん、誤字や表記揺れを防げて一石三鳥！

　［データの入力規則］画面から「**ドロップダウンリスト**」が作成できます。ドロップダウンリストとは、あらかじめ用意したリストから選択して入力できる便利な機能です。入力ミスや表記揺れを防ぐことができ、作業の効率化にも役立ちます。

　リストの作成方法は、**直接データを入力する方法**と**セルを参照する方法**の2つがあり、このレッスンではセルを参照してリストを作成していきます。上図のB列のようにXLOOKUP関数（140ページ参照）を仕込むことで、商品名をリストから選択するだけで単価が表示されるなど、自動化が可能です。

POINT

▶ ［データの入力規則］画面からリストを作成

▶ 繰り返し入力する手間が省ける

▶ 決まったデータしか選べないため、誤字を防げる

商品名のドロップダウンリストを作成する

セル範囲を選択して、195ページを参考に［データの入力規則］画面を表示しておく。

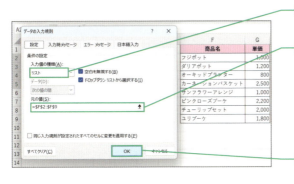

① ［リスト］を選択

② ここをクリックして、リストにしたいセルを選択

リストにしたいデータをカンマ(,)で区切って直接入力してもOK！

③ クリック

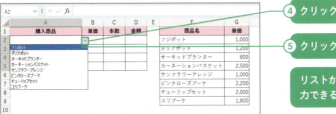

④ クリック

⑤ クリック

リストから商品名を入力できるようになった

リストを削除したいときは［データの入力規則］画面から［すべてクリア］をクリックする。

072 選択

データの安全を確保！
シートの保護で編集を制限する

File：Lesson6_072.xlsx

SUMMARY

重要なデータは保護しよう

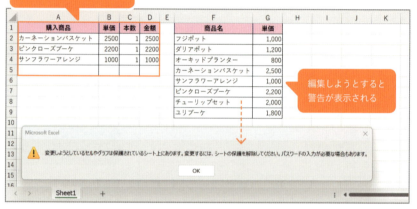

意図しない編集を未然に防ぐ！

　シートを保護することで、**他のユーザーが誤ってデータを消去したり、編集したりするのを防ぐことができます**。たとえば、社内共通のフォーマットで書類を作成する必要がある場合など、シート保護は非常に有効です。

　［シートの保護］画面では、パスワードの設定や、ユーザーに許可する操作を選択することができます。特定のセルだけ入力を許可したい場合は、シートの保護を適用する前に、該当のセルを選択した状態で、［セルの書式設定］画面の**［保護］タブからロックを解除**します。上図のように、商品名一覧を保護し、購入商品の詳細を編集可能に設定することが可能です。

POINT

▶ ［シートの保護］で、誤った編集を防げる

▶ 保護したセルに入力しようとすると警告が表示される

▶ 特定のセルの入力を許可できる

LESSON 6 便利技

［シートの保護］でセルA1～D5以外の編集を制限

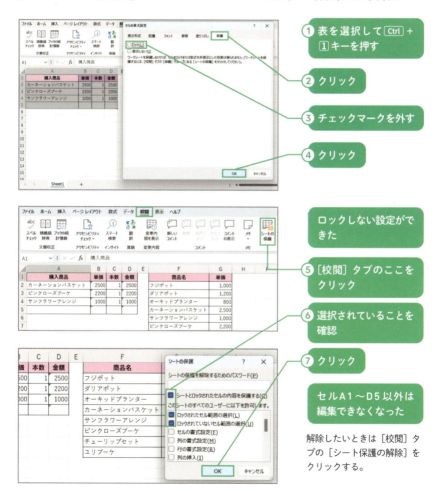

① 表を選択して Ctrl ＋ 1 キーを押す
② クリック
③ チェックマークを外す
④ クリック

ロックしない設定ができた

⑤ ［校閲］タブのここをクリック
⑥ 選択されていることを確認
⑦ クリック

セルA1～D5以外は編集できなくなった

解除したいときは［校閲］タブの［シート保護の解除］をクリックする。

073 セキュリティを意識しよう！
ブックを保護して全体の閲覧・編集を制限

選択　　File：Lesson6_073.xlsx

SUMMARY データの安全性を高める保護機能

◆ブックの保護
シートの追加・変更・削除されないように保護する

◆Excelの保護
ブックの閲覧・更新に制限をかける

保護機能を使いこなして、データの信頼性を確保！

　意図せずデータを閲覧されたり、編集されたりすることを防ぐための保護機能を押さえておきましょう。

　[校閲] タブにある [ブックの保護] は、ブック内のワークシートの構成を保護する機能です。ブックが保護されている状態では、ユーザーはワークシートを追加、移動、削除、表示、非表示などを変更できません。この [ブックの保護] にはパスワードを設定することも可能です。

　また、[名前を付けて保存] 画面からブック全体をパスワードで保護する方法もあります（Excelの保護）。これにより、特定のユーザーのみがブックを開いたり、編集したりすることができます。

POINT

▶ シート自体を保護する方法は2パターンある
▶ ファイル自体にパスワードを付けることができる
▶ 意図しないデータの閲覧や編集を防ごう

LESSON 6 ｜ 便利技

CASE_1 ［ブックの保護］でブックのシート構成を保護

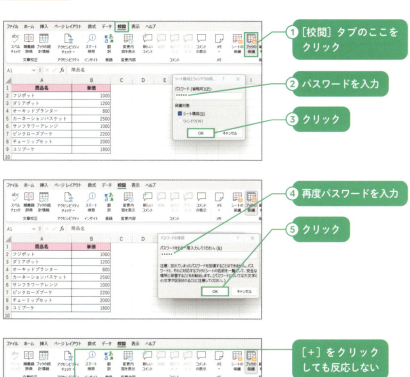

① ［校閲］タブのここをクリック
② パスワードを入力
③ クリック
④ 再度パスワードを入力
⑤ クリック

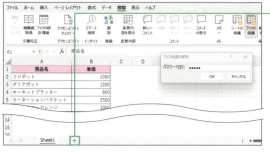

［+］をクリックしても反応しない

解除したいときは［ブックの保護］をクリックしてパスワードを入力する。

CASE_2 Excelのブック全体を保護してファイルの閲覧・編集を制限

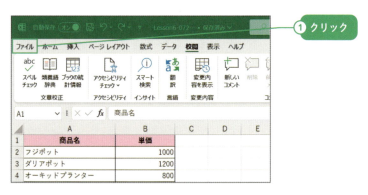

①クリック

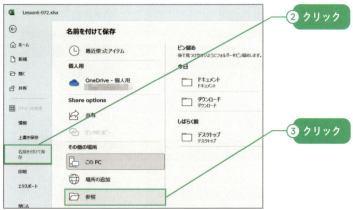

②クリック
③クリック

［名前を付けて保存］画面が表示された

④［ツール］のここをクリック

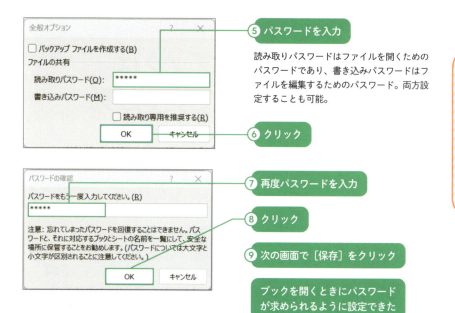

3つの保護の違いを知っておこう

シートの保護	・特定のワークシートのみを保護 ・セルの編集、書式設定、行や列の挿入/削除を制限 ・特定のユーザーに編集権限を付与可能 ・パスワード設定は任意 ・他のシートには影響しない
ブックの保護	・ブック全体の構造を保護 ・シートの追加、削除、名前変更、移動などを制限 ・パスワード設定は任意 ・個々のシートの内容編集は制限されない
Excelの保護	・ファイル全体へのアクセスを制限 ・ファイルを開くためにパスワードが必要 ・読み取り専用パスワードと編集用パスワードを個別に設定可能

074 選択

ブックを探す手間が省ける！
頻繁に使うブックはピン留めしてすぐ起動

SUMMARY アイコンを右クリックしてみよう

- よく使うブックはピン留めしておく
- 最近使ったアイテム（ブック）が表示される
- タスクバーに帯にExcelのアイコンが表示されている

使用頻度の高いファイルはピン留めしよう！

　お仕事で使用するExcelのブックをフォルダ分けなどしてさまざまな場所に保存している場合、目的のファイルを開くために複数のフォルダを探すことがよくあります。そこで、**Excelをタスクバーにピン留めする**と、アプリの起動が迅速になり、時間を節約できます。

　また、**タスクバーのアイコンを右クリック**するとオプションが表示され、「最近使ったアイテム」が一覧で表示されるため、保存場所を開く必要がありません。さらに、**使用頻度の高いファイルをメニューでピン留め**しておけば、素早くアクセスでき、作業効率が向上します。これにより、余計なウィンドウでの混乱を避けられます。

POINT

▶ タスクバーにExcelをピン留めしておくとすぐ起動できる

▶ 最近使ったブックは一覧でまとまっている

▶ よく使うブックも一覧にピン留めしておくと便利

LESSON 6 | 便利技

CASE_1 アプリをタスクバーにピン留め

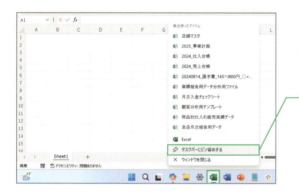

Excelを起動しておく。

① Excelのアイコンを右クリック

② クリック

Excelがタスクバーにピン留めされた

Excelが開いてないときも、タスクバーにアイコンが表示されているので、すぐに起動できる。

CASE_2 よく使うブックを一覧にピン留め

① Excelのアイコンを右クリック

② ピン留めしたいブックにカーソルを合わせる

③ クリック

よく使うブックをピン留めできた

075 プレビューを確認してシートを印刷する

印刷ミスをしないコツ

必修

File：Lesson6_075.xlsx

NG ✗ 表が切れて印刷された…

請求書を1ページに収めて印刷したい！

印刷プレビューと改ページプレビューを活用しよう

　作成した表が大きければ、印刷したときに表が切れてしまうことはあるあるです。**正しく印刷されるかどうかを事前に確認するには、印刷プレビュー**を利用します。印刷プレビュー画面では、部数やプリンターの選択、印刷の向きなど、細かな設定が可能です。

　また、上記のように表が切れてしまった場合は、**改ページプレビューで印刷範囲を調整**しましょう。ページごとの区切りが青い線でわかりやすく表示されるので、ドラッグして範囲を調節できます。誤った設定で印刷すると用紙が無駄になるため、必ず印刷する前に確認するように心がけましょう。

POINT

▶ 印刷する前に必ず印刷プレビューで確認

▶ Ctrl + P キーで印刷プレビューを表示

▶ 改ページプレビューで簡単に印刷範囲を調整できる

LESSON 6 ｜ 印刷・PDF

◯ 1ページに収まって印刷できた　GOOD

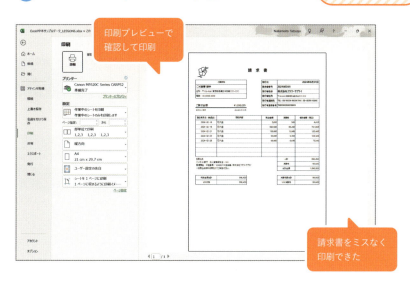

印刷プレビューで確認して印刷

請求書をミスなく印刷できた

印刷プレビューで確認する

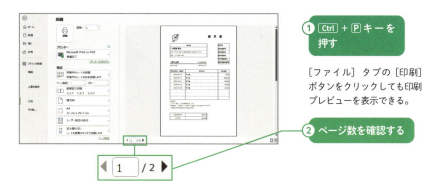

① Ctrl + P キーを押す

［ファイル］タブの［印刷］ボタンをクリックしても印刷プレビューを表示できる。

② ページ数を確認する

改ページプレビューで印刷範囲を調整する

① [表示] タブのここを
クリック

画面右下のステータスバーにある [改ページプレビュー] ボタン(凹)をクリックしてもOK！

改ページプレビューが表示された

青い点線がページ区切り線になっている。

② 青い点線にカーソルを合わせてドラッグ

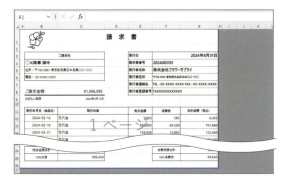

ページ区切り線がなくなり、印刷範囲が1ページに収まった

改ページプレビューは、シートを印刷する際のページ区切りを視覚的に確認・調整できる便利な機能です。このモードでは、青い線が表示され、これがページの区切りを示しています。灰色の部分は、印刷範囲外の領域を示しています。

印刷を実行する

印刷プレビューを表示して、請求書が1枚に収まっているか確認する。

① プリンターや印刷設定を確認

② クリック

請求書を印刷できた

✓ 知っておくと便利！

[拡大縮小の設定] からも自動調整できる

右図のように[シートを1ページに印刷]を選択すると自動調整されます。列または行を1ページに調整することも可能です。

倍率やページの数を指定して拡大縮小したいときは、[拡大縮小オプション]をクリックして[ページ設定]画面から設定しましょう。

[拡大縮小の設定]をクリックして、ここを選択

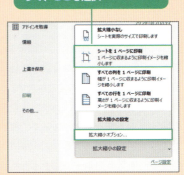

076 細部にこだわる見やすい印刷設定

仕事ができる人はやっている！

選択　　File：Lesson6_076.xlsx

NG ❌印刷したけど見にくい……

2枚目以降に見出しがない

表の位置が左に寄っている

ページ番号がわからない

印刷に欠かせない［ページ設定］画面

　長い表を印刷する際に、上図のようにわかりにくい印刷物になっていませんか？資料を印刷する際に細かな設定を行うことで、より見やすく、プロフェッショナルな仕上がりの印刷物を作成できます。**［ページ設定］画面**では、**印刷タイトル**や**余白の調整**を行うだけでなく、ヘッダーやフッターにページ数を表示することも可能です。印刷タイトルを設定することで、複数ページにわたる場合でもデータの見出しを明確にし、ページ数の表示により用紙の順番を把握しやすくなります。［ページ設定］画面でデータ以外の部分を細かく調整し、印刷物の品質を向上させましょう。

POINT

- 印刷に関する設定は、［ページ設定］画面から変更
- 長い表は、2枚目以降にも見出しを設定する
- 複数ページになるときはページ数を挿入する

◯ 2枚目以降もわかりやすい！　GOOD

すべてのページに見出しが印刷されている

フッターにページ数が表記されている

3/3ページ

用紙の中央に表が配置されている

［ページ設定］画面から印刷設定を行う

［ページ設定］画面を表示する。

① ［ページレイアウト］タブのここをクリック

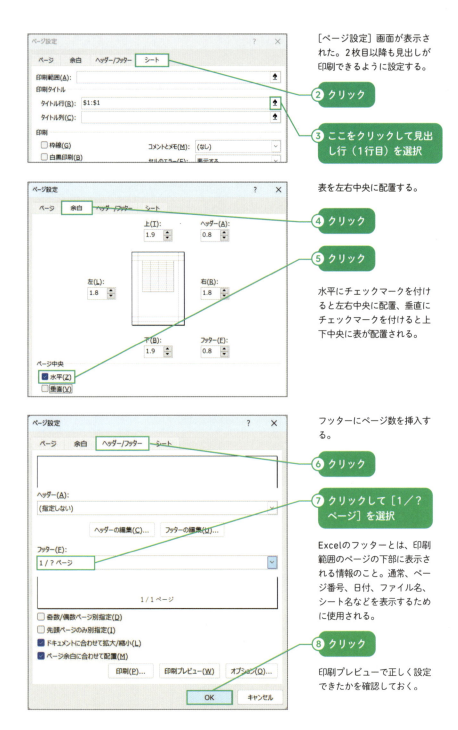

COLUMN

必要な部分のみを抜き出して印刷したい

特定の範囲だけを印刷したい場合は、まずシート上で印刷したい範囲を選択し、その後印刷プレビューの設定から［選択した部分を印刷］を選びます。すると、選択した部分のみが印刷プレビューに表示されます。

また、グラフだけを印刷したい場合は、グラフエリアを選択して印刷プレビューを表示します。プレビュー画面にはグラフのみが表示され、そのまま印刷できます。印刷する部分としない部分を簡単に分けられるので、ぜひ活用してみてください。

グラフのみを印刷する

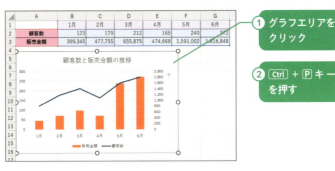

① グラフエリアをクリック

② Ctrl + P キーを押す

③ 印刷プレビューを表示

印刷プレビューでグラフのみ表示されていることを確認しておく。

077 Excelの資料をPDFで共有しよう

なぜ共有する際はPDFが推奨されるのか？

必修

File：Lesson6_077.xlsx

SUMMARY

ExcelをPDFに変換する

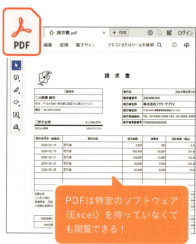

PDFは特定のソフトウェア（Excel）を持っていなくても閲覧できる！

PDFに変換するメリットって何？

　PDF（ポータブル・ドキュメント・フォーマット）は、どの**デバイスやソフトウェアでも同じレイアウトで表示される文書形式**です。これにより、異なる環境で閲覧しても、文書のフォーマットが崩れることはありません。

　ビジネスシーンでは、請求書などの重要な文書は、ExcelではなくPDFで添付するのが一般的です。**PDF形式は編集が難しく、データの改ざんや誤った変更のリスクが低い**ため、安全に情報を共有できます。信頼性の高い文書送信を実現するために、PDFは非常に便利な形式です。ただし、受信者がデータの編集や分析を行う必要がある場合には、Excelファイルを添付するほうが適切です。

POINT

▶ PDFはフォーマットが崩れずデータの一貫性を保持できる

▶ 編集が難しく、データの改ざんリスクが低い

▶ ［ファイル］タブの［エクスポート］から作成する

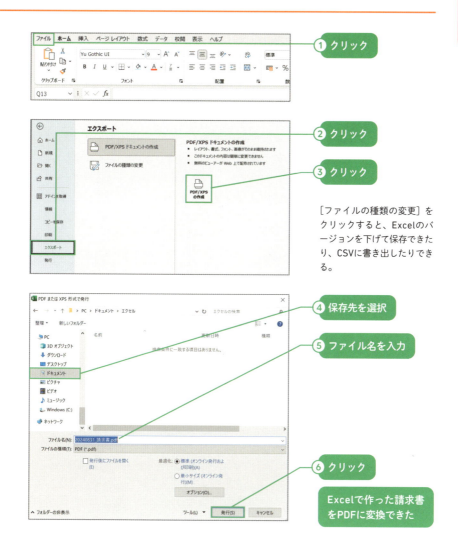

［ファイルの種類の変更］をクリックすると、Excelのバージョンを下げて保存できたり、CSVに書き出したりできる。

Excelで作った請求書をPDFに変換できた

COLUMN

「OneDrive」を使って
データを共有するには

　OneDrive（ワンドライブ）は、マイクロソフト社が提供するオンラインストレージサービスです。**ファイルをインターネット上のクラウドに保存**できるため、パソコンやスマホからでも**ファイルの管理や共有が可能**です。Officeのドキュメントをはじめ、PDFファイルや画像、動画ファイルなども保存できます。

　さらに、フォルダやファイルの閲覧・編集などのアクセス権限を設定できるため、情報の流出や改ざんを防ぐことができます。OneDriveを利用するには、**Microsoftアカウントが必要**です。誰でも無料で作成できるので、ぜひMicrosoftアカウントを取得しておきましょう。

OneDriveに保存する方法

［ファイル］タブ→［名前を付けて保存］→［OneDrive - 個人用］→［OneDrive - 個人用］をクリック。［名前を付けて保存］画面が表示されるので保存する。
ただし、Microsoftアカウントにサインインしておく必要がある。

OneDriveへのアクセス方法

Webブラウザーを起動してOneDriveのWebページにアクセスしておく。

▼OneDriveのWebページ
https://onedrive.live.com/

サインインするとアップロードしたExcelブックが表示された。クリックするとWebブラウザー上で編集できる。

INDEX

記号

########	035・151
#DIV/0!	151
#N/A	151
#REF!	151
#NAME?	151
#VALUE!	151
+	091
-	091
*	091
/	091
>	123
>=	123
<	123
<=	123
=	123
<>	123

アルファベット

AND関数	126
AVERAGE関数	104
Copilot	182
COUNT関数	108
COUNTA関数	110
COUNTBLANK関数	111
COUNTIFS関数	135
FALSE	120
IF関数	120・131
IFERROR関数	152
IFS関数	130
MAX関数	106
MIN関数	106
NOW関数	148
OneDrive	218
OR関数	127
PDF	216
ROUND関数	112
ROUNDUP関数	114
ROUNDDOWN関数	115
SUM関数	102
SUMIFS関数	132
TODAY関数	148
TRUE	120
VLOOKUP関数	137
XLOOKUP関数	140

あ

アクティブセル	019
印刷設定	212
印刷プレビュー	208
ウィンドウ枠の固定	184
上書き保存	040
エラー	150・152・154
エラーメッセージを表示する	196
円グラフ	166
オートSUM	102
オートフィル	030
折れ線グラフ	164

か

改ページプレビュー ……………… 210
関数 …………………………… 088・100
行 ………………………………………… 019
行の挿入／削除 …………………… 032
行の高さ ……………………………… 034
切り取り ……………………………… 025
クイックアクセスツールバー …… 019
グラフ ………………… 156・158・215
グラフタイトル ……………………… 158
グラフの色を変える ……… 162・171
グラフ要素 …………………………… 158
グループ化 …………………………… 186
罫線 ……………………………………… 066
系列 …………………… 158・163・171
検索 ……………………………………… 042
コピー …………………………………… 024
コメント機能 ………………………… 190

現在の日付／時刻を入力する …… 149
検索 ……………………………………… 042
コピー・貼り付け・切り取り …… 024
参照方式を切り替える …… 095・099
置換 ……………………………………… 044
貼り付けオプションを表示 ……… 026
フィルター機能を使う ……………… 078
編集モードに切り替える ………… 022
書式記号 ……………………………… 065
書式設定 …………………… 048・050
シリアル値 ………………… 144・146
数式バー ……………………………… 019
ズームスライダー …………………… 019
ステータスバー …………… 019・116
スピル ………………………………… 143
セル ……………………………………… 019
セルの結合 …………………………… 058
セル参照 …………………… 092・139
絶対参照 …………………… 094・096
相対参照 …………………… 094・096

さ

シート …………………… 020・038
シートの保護 ………………………… 200
シート見出し ………………………… 018
時刻 …………… 119・144・146・148
四則演算 …………… 088・090・092
条件付き書式 … 070・072・074・189
ショートカットキー ……………… 222
　オートSUM ………………………… 102
　行や列を挿入する ………………… 032

た

縦（値）軸数 ………………………… 158
タブメニュー ………………………… 015
置換 ……………………………………… 044
重複データ …………………………… 188
データの入力規則 ………… 194・196
データバー …………………………… 072
データベース ……… 017・020・076
データラベル ……………… 158・166
テーブル機能 ………………………… 084

ドロップダウンリスト……………198

な

名前ボックス ………………… 019
名前をつけて保存 ……………… 202
並べ替え …………… 080・082・084
入力 ………………… 022・194・196

は

配置 ……………………………… 054
貼り付け ………………………… 026
貼り付けオプション …………… 027
凡例 ……………………………… 158
比較演算子 ……………………… 123
引数 ……………………………… 100
日付 ………… 119・144・146・148
ピボットテーブル …… 174・176・178
表 …………………………… 016・084
表示切替ボタン ………………… 019
表示形式 …………………… 060・062
フィルター ………………… 078・084
フィルハンドル ………………… 030
フォント ………………………… 052
複合グラフ ……………………… 168
複合参照 ………………………… 097
ブック …………………………… 038
ブックの回復 …………………… 040
ブックの保護 …………………… 202

ペースト ………………………… 024
編集モード ……………………… 022
棒グラフ ………………………… 160
保護 ………………………… 200・202
保存 ……………………………… 040

ま

元に戻す ………………………… 046
戻り値 …………………………… 100
メモ機能 ………………………… 193
目盛線 …………………………… 158

や

やり直す ………………………… 046
ユーザー設定リスト …………… 082
曜日 ………………………… 031・064
横（項目）軸 …………………… 158

ら・わ

ラベル …………………………… 158
リボン ……………………… 015・037
列 ………………………………… 019
列の挿入／削除 ………………… 032
列の幅 …………………………… 034
ワークシート …………………… 019

暗記が苦手な人でも大丈夫！
厳選ショートカットキー
20選

Excel操作の効率化に欠かせないのがショートカットキーの活用。
たくさんの組み合わせがある中で、主要なパターンを厳選しました。
どれも業務で日常的に使うので、まずはこれだけ覚えればバッチリです。

主要操作
時短につながる高頻出な組み合わせ

Ctrl + C	コピー
Ctrl + V	貼り付け
Ctrl + Alt + V	貼り付けオプションを表示（コピー時）
Ctrl + X	切り取り
Ctrl + F	検索
Ctrl + H	置換
Ctrl + Z	元に戻す
Ctrl + Y	やり直す
Ctrl + S	上書き保存
Ctrl + P	印刷プレビュー

書式設定
見た目や数値の表示形式を素早く整える

Ctrl + 1	［セルの書式設定］画面の表示
Ctrl + B	太字
Ctrl + $ (Ctrl + Shift + 4)	通貨の表示形式
Ctrl + % (Ctrl + Shift + 5)	パーセントの表示形式

選択・移動・入力操作
仕事が速い人は使っているワザ

Ctrl + A	表全体を選択
Ctrl + + (Ctrl + Shift + ;)	セル（行・列）の挿入
Ctrl + -	セル（行・列）の削除
F2	セルを編集
F4	（数式の入力中）参照方式の切り替え 直前の操作を繰り返す
Ctrl + Page Up (Page Down)	シートの移動

中本達也

1988年広島県生まれ。明治大学政治経済学部卒業。大学在学中にインターンした企業でExcelの素晴らしさに出会う。その後、Excel「超」時短スキルを短期間で習得することができるExcelブートキャンプを開講。YouTubeチャンネル『中本達也｜スキルアップチャンネル』を運営し、チャンネル登録者数は現在約3万名、オンライン学習サービス「Udemy」での生徒数は2万人を超える。

▶ 中本達也 公式HP
https://nakamototatsuya.com

▶ Excelブートキャンプ Webサイト
https://excel-bootcamp.com

STAFF

装丁・本文デザイン
　　　　　　　　松本 歩
　　　　　　　（細山田デザイン事務所）
DTP　………　柏倉真理子
イラスト　……　山内庸資
校正　………　株式会社トップスタジオ
編集　………　井上 薫
編集協力　…　梶野有希
編集長　……　和田奈保子

本書の記載は2024年10月時点の情報をもとにしています。そのためお客様がご利用される際には、情報が変更されている場合があります。紹介しているハードウェアやソフトウェアサービスの使用方法は用途の一例であり、すべての製品やサービスが本書の手順と同様に動作することを保証するものではありません。あらかじめご了承ください。

本書のご感想を
ぜひお寄せください

https://book.impress.co.jp/
books/1123101122

アンケート回答者の中から、抽選で図書カード（1,000円分）などを毎月プレゼント。当選者の発表は賞品の発送をもって代えさせていただきます。※プレゼントの賞品は変更になる場合があります。

■商品に関する問い合わせ先

このたびは弊社商品をご購入いただきありがとうございます。本書の内容などに関するお問い合わせは、下記のURLまたは二次元コードにある問い合わせフォームからお送りください。

https://book.impress.co.jp/info/

上記フォームがご利用いただけない場合のメールでの問い合わせ先
info@impress.co.jp

※お問い合わせの際は、書名、ISBN、お名前、お電話番号、メールアドレスに加えて、「該当するページ」と「具体的なご質問内容」「お使いの動作環境」を必ずご明記ください。なお、本書の範囲を超えるご質問にはお答えできないのでご了承ください。

● 電話やFAXでのご質問には対応しておりません。また、封書でのお問い合わせは回答までに日数をいただく場合があります。あらかじめご了承ください。
● インプレスブックスの本書情報ページ https://book.impress.co.jp/books/1123101122 では、本書のサポート情報や正誤表・訂正情報などを提供しています。あわせてご確認ください。
● 本書の奥付に記載されている初版発行日から3年が経過した場合、もしくは本書で紹介している製品やサービスについて提供会社によるサポートが終了した場合はご質問にお答えできない場合があります。

■落丁・乱丁本などのお問い合わせ先
FAX：03-6837-5023
service@impress.co.jp
※古書店で購入された商品はお取り替えできません。

数字が苦手でも使いこなせる！
一生使えるお仕事上手のExcel入門

2025年3月11日　初版第2刷発行

著　者　中本達也
発行人　高橋隆志
編集人　藤井貴志
発行所　株式会社インプレス
　　　　〒101-0051　東京都千代田区神田神保町一丁目105番地
　　　　https://book.impress.co.jp/

本書は著作権法上の保護を受けています。本書の一部あるいは全部について(ソフトウェア及びプログラムを含む)、株式会社インプレスから文書による許諾を得ずに、いかなる方法においても無断で複写、複製することは禁じられています。

Copyright © 2024 Tatsuya Nakamoto. All rights reserved.

本書に登場する会社名、製品名は各社の登録商標です。
本文では®や™は明記しておりません。

印刷所　シナノ書籍印刷株式会社
ISBN978-4-295-02017-2 C3055
Printed in Japan